# Recon
# les oiseaux
## sans peine



Peter Hayman - Rob Hume

Traduit et adapté par Marc Duquet

NATHAN

# Sommaire

# Avant-propos

Un guide ornithologique peut-il *vraiment* être facile à utiliser ?

Soyons honnêtes. L'observation des oiseaux est souvent difficile. Les oiseaux eux-mêmes ne sont pas simples. Certains se ressemblent beaucoup. Des conditions d'éclairage inhabituelles peuvent faire paraître un oiseau différent de ce qu'il est. Beaucoup d'espèces ont des colorations et des plumages différents selon qu'il s'agit de mâles, de femelles ou de jeunes, et selon l'époque de l'année. Le guide idéal devrait inclure au moins les variations de plumage habituelles. En simplifiant trop, on rend l'identification plus difficile encore.

Mais, si vous acceptez cette dernière réserve, vous trouverez certainement que *Reconnaître les oiseaux sans peine* est le guide le plus pratique qui soit et que l'identification des oiseaux, à condition de laisser de côté les cas à problème, est plus facile et plus agréable que vous ne l'auriez cru.

## Présentation de l'ouvrage

Pour que ce guide soit vraiment pratique, nous avons privilégié plusieurs points :

- **Les photos, grandes et claires, fonctionnent avec les dessins**. La photo est idéale pour donner l'impression de la vie. Les dessins sont indispensables pour les détails du plumage. La comparaison des photos et des dessins est un exercice intéressant en soi, qui donne une bonne image, et peut-être une bonne compréhension, des oiseaux, ce qui est impossible avec d'autres types de guides. Nous avons délibérément réparti les attitudes importantes de chaque espèce entre les photos et les illustrations – par exemple, si la photo représente un oiseau perché, les dessins se concentreront sur l'oiseau en vol.
- **Nous avons rendu les variations de plumage aussi simples que possible,** en incluant uniquement celles que vous avez le plus de chances de voir.
- **Des légendes simples et claires.** Nous avons tracé des traits pour associer les légendes des dessins aux parties de l'oiseau qu'elles décrivent. Il ne subsiste ainsi aucune place pour le doute.
- **Un langage simple.** Le texte est facile à lire pour tous. Pas de jargon, ni de termes techniques, sauf si, reliés à une illustration, ils sont immédiatement compréhensibles.
- **Une simple esquisse des caractères et du comportement de l'oiseau** sous chaque photo. La façon dont un oiseau se comporte est souvent plus importante pour l'identifier que les marques de son plumage.
- **Le poids et la taille sont indiqués** dans l'encadré silhouette, ce qui permet de se faire une idée de la grosseur de l'oiseau.

**Des cartes accompagnées de quelques mots d'explication** – toujours utiles à lire, car certains oiseaux vivent à des endroits différents selon l'époque de l'année.

■ Violet : l'oiseau est sédentaire ; il vit là toute l'année.

■ Rouge : l'oiseau est visiteur d'été ; il arrive au printemps pour nicher et repart vers le sud à l'automne.

■ Bleu : l'oiseau est visiteur d'hiver ; arrivant du nord et de l'est, il est présent de l'automne au printemps.

**Les espèces semblables** sont décrites dans un encadré.

## Classement des espèces

Dans ce guide, les espèces se suivent de façon habituelle pour un guide de terrain, c'est-à-dire dans l'ordre général des séquences des familles (ordre taxonomique). Les oiseaux qui ont évolué les premiers en tant qu'espèces distinctes arrivent au début (grèbes et cormorans par exemple). Ceux dont la spéciation est plus récente se trouvent à la fin (corneilles, pinsons, moineaux...). D'une manière générale, les oiseaux de types similaires – canards, oies, limicoles etc. – sont regroupés.

Le meilleur moyen de trouver l'oiseau observé est donc de feuilleter les pages du guide à la recherche d'oiseaux lui ressemblant globalement, puis d'affiner la recherche parmi ces derniers.

## Critères de choix

Le chapitre « Oiseaux communs » de ce guide, **pages 8 à 371,** présente 120 espèces qui sont communes, assez communes ou moins communes dans l'ensemble de la zone géographique couverte par l'ouvrage – l'Europe – ou dans des *parties* de celle-ci. En général, les oiseaux traités dans ce chapitre sont faciles à voir et ne nécessitent pas de voyage spécial.

Dans le chapitre « Oiseaux plus rares », **pages 372 à 380,** nous avons ajouté 35 espèces, que nous estimons que les lecteurs doivent connaître, mais qui n'ont pas leur place dans le premier chapitre parce qu'elles sont : rares sur l'ensemble de la zone géographique couverte par le guide, absentes de presque toute cette zone, mais localement communes, limitées à un habitat rare et spécialisé ou difficiles à voir. Parfois, leur observation peut nécessiter un voyage spécial.

## Informations sur la reproduction

Les informations de base sur les œufs, l'incubation et l'envol des jeunes sont données en complément, sauf pour les quelques espèces qui ne nichent pas dans la zone couverte par le guide.

## Trouver les oiseaux

Trois informations sont à prendre en compte.

- **Répartition.** Certains oiseaux ne peuvent être aperçus dans certaines régions. D'autres sont partout. Les cartes de ce guide sont un moyen rapide de le savoir.
- **Habitat.** La plupart des oiseaux vivent dans certains types de paysages et ne se rencontrent jamais ailleurs. Suivez les conseils de la partie **Milieux favoris.**
- **Époque de l'année.** Il est exceptionnel de rencontrer un oiseau à un moment complètement aberrant de l'année. Utilisez le texte de la partie **Où et quand**, ainsi que les cartes, pour savoir quand vous pouvez espérer apercevoir tel type d'oiseau.

Nous pensons que l'étude des oiseaux est un sujet contraignant, certes, mais passionnant. Les oiseaux sont partout – ce sont les animaux les plus accessibles – remplissant l'air de leurs couleurs, de leurs cris, de leur vol et de leur chant. Leur extraordinaire diversité, même dans une région du globe relativement restreinte, comme celle que couvre ce guide, nous rappelle chaque jour la fabuleuse richesse de la nature. La façon dont ils survivent en s'adaptant à des niches écologiques, souvent très précaires et spécialisées, nous ouvre les yeux sur les travaux et les desseins de la nature.

C'est pour ces raisons que nous avons passé la majeure partie de notre vie à étudier les oiseaux – et nous avons encore beaucoup à apprendre. Nous espérons que ce livre vous entraînera sur cette voie.

*Rob Hume*
*Peter Hayman*
Automne 1996

## Conseils de terrain

### Qualités de base de l'ornithologue :

➤ **Soyez silencieux.** Non seulement pour éviter d'être repéré par les oiseaux (en fait, ils vous verront probablement les premiers), mais surtout pour vous permettre de les entendre. Vous trouverez davantage d'oiseaux en vous fiant à l'ouïe – cris, chants, bruissement d'ailes dans le sous-bois – plutôt qu'à la vue.

➤ **Inspectez les lisières** d'habitats. La diversité des oiseaux est plus grande là où plusieurs habitats se touchent. Les oiseaux forestiers sont plus faciles à voir en bordure de clairière qu'à l'intérieur du bois. Les oiseaux aquatiques et les oiseaux terrestres venant boire et se baigner peuvent tous être observés sur les berges d'un plan d'eau.

➤ Souvenez-vous que **l'eau agit comme un aimant sur beaucoup d'oiseaux.** Visitez les lacs, les bassins, les gravières en eau, les marais ou leurs abords.

➤ **Utilisez correctement vos jumelles.** Apprenez à bien les régler. Faites soigneusement la mise au point. Portez les jumelles à vos yeux tout en regardant l'oiseau, plutôt que de regarder dans les jumelles et de tourner en rond jusqu'à ce que vous ayez repéré l'oiseau, qui, bien souvent, se sera déjà envolé.

➤ **Reportez-vous fréquemment à votre guide.** Les personnes capables de trouver et d'identifier les oiseaux ont d'abord passé beaucoup de temps à les regarder dans les livres.

➤ **Ne tirez pas de conclusions** hâtives sur l'oiseau que vous avez vu. Ne vous contentez pas d'une illustration qui ressemble à peu près à l'oiseau observé, assurez-vous que c'est bien celui que vous avez vu. Les premières estimations sont souvent fausses et vous avez intérêt à lire le texte et à vous demander si *tous* les caractères correspondent.

➤ **Sortez avec des personnes expérimentées.** On apprend bien avec un observateur expérimenté.

# Grèbe castagneux

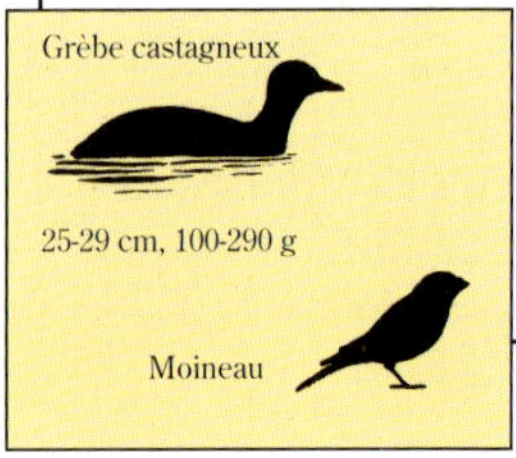


Le Grèbe castagneux, presque sans queue, est le plus petit et le plus rondelet des oiseaux d'eau. Flottant comme un bouchon, il plonge hors de vue quand il est dérangé. Il se nourrit sous l'eau, où il attrape de petits poissons, des larves et des insectes aquatiques. En été, dissimulé au bord d'une large rivière ou dans les roseaux bordant un lac, il signale sa présence par un trille hennissant aigu. Il s'accommode de toutes petites mares.

Le nid est un amas de plantes aquatiques ancré à une branche tombante ou à une racine. La femelle pond de 4 à 6 œufs blanc terne et peut élever deux nichées par saison.

En hiver, quelques Grèbes castagneux gagnent la mer, mais ils se tiennent beaucoup plus souvent toute l'année en eau douce.

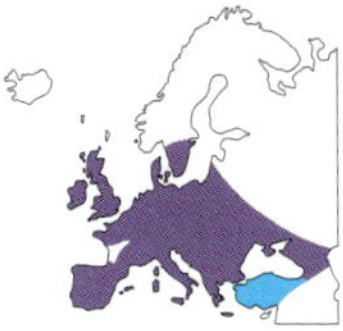

*Plus petit qu'une Gallinule poule-d'eau. Rondelet, queue touffue, bec court. Paraît plus mince avec un cou plus long quand il est en alerte. Grosse tête, bec court, droit et pointu. Vol rapide et bas. Vient rarement à terre. Farouche, disparaît souvent sous l'eau.*

**OÙ ET QUAND.** Partout en France, sauf en altitude ; également dans les estuaires en hiver.

**MILIEUX FAVORIS.** Des rivières, mares et étangs aux grands lacs, réservoirs et estuaires.

## OISEAUX SEMBLABLES

**Sarcelle d'hiver**, page 52, plus allongée, bec de canard plus long.
**Foulque macroule**, page 116, plus noire, large bec blanc.
**Gallinule poule-d'eau**, page 116, taches blanches sous la queue.
**Grèbes à cou noir** et **esclavon**, page 373, plus noir et blanc en hiver.

# Grèbe jougris

*Podiceps grisegena*

Paraît plus massif que le Grèbe huppé, avec un bec fort et une grosse tête, cou plus épais ; bec plus épais et plus sombre que le Grèbe esclavon

En été, cri sonore et aigu *ou-èk*

En été, le Grèbe jougris est un très bel oiseau des lacs frangés de roseaux. En dehors de la période de reproduction, il perd son beau plumage et devient assez sombre et terne. Il peut être alors difficile à reconnaître, d'autant qu'on ne le voit souvent qu'au loin, sur un grand plan d'eau ou en mer. Il plonge la plupart du temps, ce qui le rend encore plus difficile à distinguer : les jumelles à peine réglées, il disparaît. Mais sa silhouette est typique, et son arrivée régulière en fin d'été et en automne (parfois avec le cou encore roux) sur certaines côtes, comme celles de la Manche, de la Bretagne et du Centre-Ouest, est un indice pour l'identifier.

Le nid, fait de végétation aquatique, est un nid de grèbe typique. Les 3 ou 4 œufs blancs sont couvés durant 1 mois.

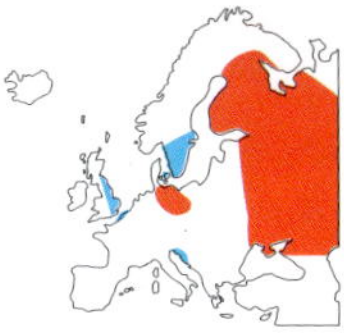

*Oiseau d'eau à grosse tête, dos arrondi, sans queue. Coloré au printemps et en été, mais terne en hiver. Vol bas, rapide et direct, avec le cou et les pattes tendus. Plonge sous l'eau pour se nourrir et pour échapper à un danger, réapparaît souvent beaucoup plus loin.*

**OÙ ET QUAND.** Niche dans le nord de l'Europe ; en hiver, migre vers l'ouest et le sud, peu fréquent en France.

**MILIEUX FAVORIS.** Lacs bordés de roseaux, étangs, côtes abritées.

## OISEAUX SEMBLABLES

**Grèbe huppé**, page 12, plus blanc, plus élancé.
**Grèbe esclavon**, page 373, plus petit, plus rond avec un bec plus court.
La jeune **Foulque macroule**, page 116, a un bec court épais, un cou trapu.

# Grèbe huppé

Il y a quelques décennies, le Grèbe huppé était rare et persécuté pour son plumage doux et dense, semblable à de la fourrure. Aujourd'hui protégé, c'est un oiseau d'eau familier et répandu, typique des grands lacs, mais aussi à l'aise sur les grandes rivières lentes.

Il est élancé et très élégant avec une tête très colorée de la fin janvier au milieu de l'automne. Ces ornements servent à la parade nuptiale qui a lieu au début du printemps.

Comme les autres grèbes, il fait un nid à demi flottant avec des plantes aquatiques, ancré à des roseaux ou à des saules tombants. La femelle pond 3 ou 4 œufs blanc terne, qui deviennent vite rouille et éclosent en 28 jours. Pour être nourris, les poussins émettent des sifflements stridents.

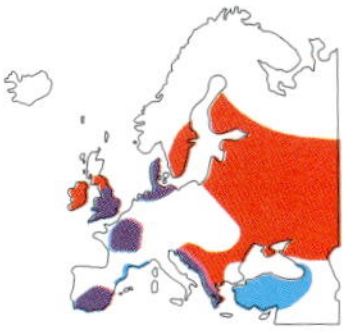

*Élégant, fin et élancé, taille d'un canard. Bec tenu horizontal. Parade nuptiale printanière remarquable, les partenaires face à face agitent la tête de droite à gauche. En couples ou en familles en été ; en troupes en hiver. Plonge sous l'eau et réapparaît plus loin.*

**Où et quand.** Présent toute l'année. En France, surtout dans la moitié nord.

**Milieux favoris.** Rivières larges, étangs et lacs dégagés, réservoirs ; en hiver, grands plans d'eau, estuaires et mer.

## OISEAUX SEMBLABLES

**Canard pilet**, page 56, mais longue queue. **Plongeon catmarin** en hiver, page 373, cou plus court et bec relevé. En hiver, **Grèbes à cou noir** et **esclavon**, page 373, sont semblables, mais plus petits ; **Grèbe jougris**, page 10, plus massif, cou épais, bec noir et jaune.

# Fulmar boréal

*Fulmarus glacialis*

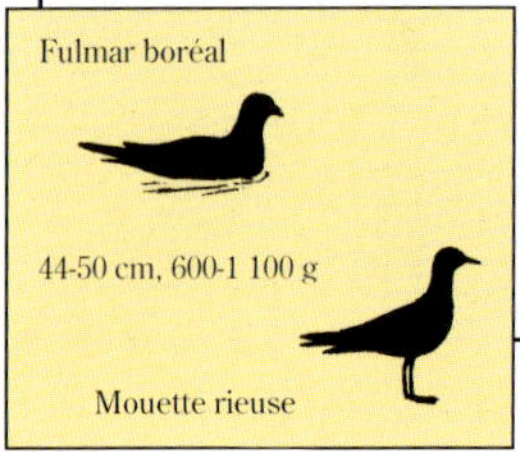


Des îles septentrionales lointaines, le Fulmar boréal s'est étendu aux îles Britanniques, puis aux côtes françaises au cours du dernier siècle. Aujourd'hui, il niche sur les falaises côtières de Normandie et de Bretagne.

Mais le vrai domaine du Fulmar, c'est avant tout la pleine mer. C'est un oiseau adapté pour voler dans les turbulences qui se forment au-dessus des vagues, remontant brusquement en arc de cercle avant de planer longuement au ras de l'eau, ce qui lui permet de parcourir de grandes distances en utilisant peu d'énergie. À terre, il tient à peine debout.

Le nid est une simple cuvette grattée sur un large rebord ou au pied d'un talus. Un seul gros œuf blanc est pondu et couvé durant 45 jours. Le jeune s'envole à l'âge de 8 semaines.

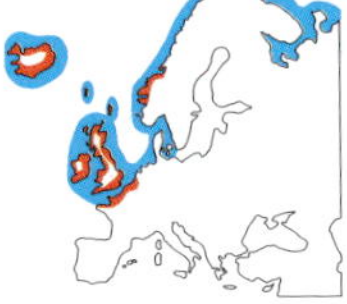

*Plus gros qu'un pigeon, avec de longues ailes. Ailes tendues en vol, plus ventru que les goélands, avec un cou plus épais. Se couche sur le ventre sur les corniches des falaises, mais se pose aussi sur l'eau et vole souvent. Nage avec la tête dressée et la queue un peu relevée.*

**Où et quand.** Côtes normandes et bretonnes ; golfe de Gascogne en hiver.

**Milieux favoris.** Haute mer ; passe près des caps et des îles ; falaises côtières.

## OISEAUX SEMBLABLES

**Goéland argenté**, page 170, queue blanche, bout des ailes noir et blanc, ailes arquées et non tendues.
**Mouette tridactyle**, page 174, courtes pattes noires, triangle noir au bout de l'aile, queue blanche.
**Puffin des Anglais**, page 16, beaucoup plus fin, noir et blanc.

# Puffin des Anglais

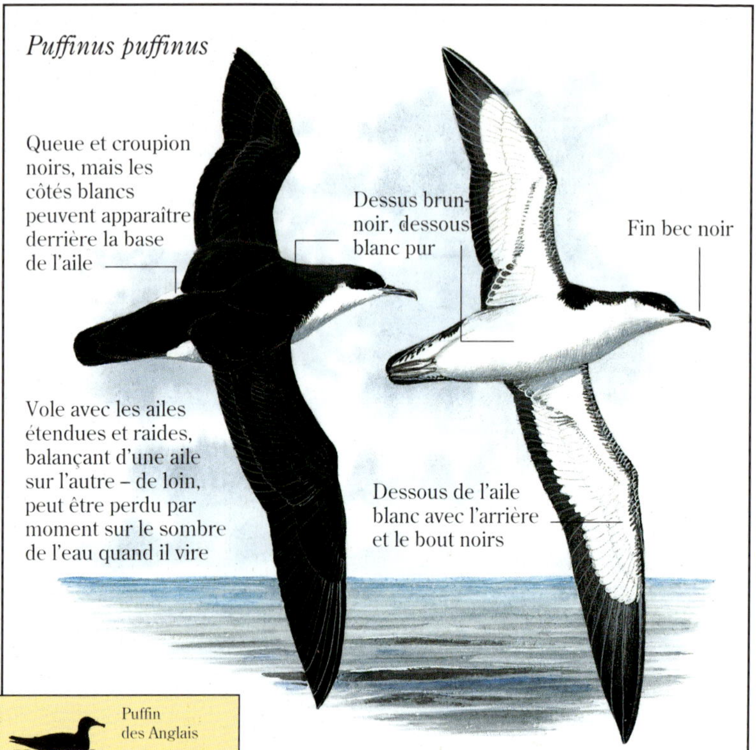

Le Puffin des Anglais est fait pour la vie en mer et ne vient à terre que pour se reproduire et seulement de nuit. Il est capable de retrouver son terrier dans l'obscurité au sein d'une colonie de dizaines de milliers de couples : pour l'oreille humaine, la colonie est une fantastique cacophonie de cris surnaturels, mais, pour les puffins, le cri de la femelle (et peut-être son odeur) doit être unique.

En mer, les puffins vont très loin pour se nourrir, errant tout l'hiver dans l'Atlantique Sud. Ils capturent de petits poissons et des calmars près de la surface ou en plongeant.

Le nid est un profond tunnel ou un terrier de lapin. Un œuf blanc y est déposé en mai et éclôt en 51-54 jours. Le poussin est abandonné à 60 jours, mais ne quitte le nid qu'à l'âge de 72-74 jours.

*Toujours vu en vol au-dessus de la mer. Vole au ras de l'eau en utilisant les courants aériens. Par vent violent, s'élève en décrivant des courbes. Par temps calme, battements d'ailes rapides, rigides et laborieux, planés plus courts. En groupes, ou par deux ou trois.*

**Où et quand**. Niche sur quelques îles retirées de Bretagne. Le long de toutes les côtes du printemps à l'automne.

**Milieux favoris**. Haute mer. Pentes rocheuses des îles.

## OISEAUX SEMBLABLES

**Fulmar**, page 14, plus compact, gris plus pâle, tête blanche.
**Jeunes goélands** tous plus pâles, moins contrastés avec des ailes coudées larges à la base et base de la queue pâle.

# Fou de Bassan

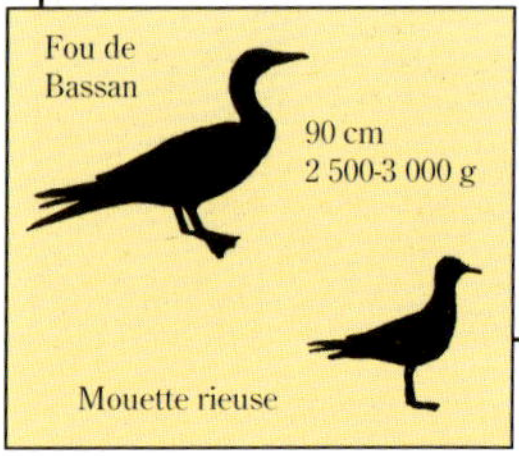


Le Fou de Bassan, d'une envergure proche de 2 mètres, est le plus grand oiseau de l'Atlantique Nord. Au nid, il est majestueux, blanc pur et chamois doré chaud. Dans une colonie de plusieurs milliers d'oiseaux, il est extraordinaire, mêlé à une masse de mouvements et de sons, de milliers de cris se joignant en un chœur mécanique et rythmique très particulier.

Les quelques colonies des îles Britanniques abritent les deux tiers de la population mondiale. L'unique colonie française (Sept-Îles) compte près de 12 000 couples. Ailleurs en Europe, quelques sites seulement sont occupés, mais les Fous de Bassan peuvent être vus le long des côtes de la Norvège à l'Espagne.

Le nid est un amas de végétation. L'œuf éclôt après 45 jours et le jeune quitte le nid à 2 mois.

*Immense, beaucoup plus grand qu'un goéland. Adulte blanc éclatant en mer. Ailes longues, queue pointue et tête allongée avec un bec en poignard. À terre, gros comme une oie, pattes palmées peu visibles. Plonge dans la mer la tête la première, d'une certaine hauteur.*

**OÙ ET QUAND.** Toutes les côtes, surtout dans la Manche et l'Atlantique en été et en automne.

**MILIEUX FAVORIS.** Haute mer ; niche sur des îlots rocheux retirés.

## OISEAUX SEMBLABLES

**Goélands**, queue courte et petit bec. Jeune **Goéland marin**, page 172, queue carrée, brun moins uni que le jeune Fou. Fou immature beaucoup plus bariolé que tout goéland. **Plongeon imbrin**, page 372, moins mobile en vol. **Grand Cormoran**, page 20, ailes larges.

# Grand Cormoran

*Phalacrocorax carbo*

Au printemps, le Grand Cormoran en plumage nuptial a des plumes blanches hérissées sur la nuque et le cou, et certains individus (surtout continentaux) ont la tête pratiquement blanche. La large tache blanche des flancs ajoute un peu de contraste. La plupart des Grands Cormorans nichent sur les côtes, mais des colonies sont installées dans les terres, en bordure de fleuves ou de grands étangs, souvent à proximité d'une héronnière. La silhouette basse et allongée d'un Grand Cormoran nageant sur un grand plan d'eau ou un estuaire est typique.

Le nid – petite plate-forme ou énorme amas de branchettes – est construit sur une large corniche d'une falaise côtière ou dans un arbre. Les 3 ou 4 œufs éclosent après 26-29 jours. Les jeunes s'envolent à 1 mois environ.

*De la taille d'une oie, ailes et queue longues. Bec épais avec le bout crochu. Bec relevé quand l'oiseau nage. Se perche souvent avec les ailes à demi écartées. Nage bas sur l'eau, le dos volontiers immergé. En vol, noter la longue queue, le cou étendu et les ailes coudées.*

**OÙ ET QUAND.** Répandu, surtout en hiver.

**MILIEUX FAVORIS.** Grands lacs et réservoirs, estuaires, côtes dégagées.

## OISEAUX SEMBLABLES

**Cormoran huppé**, page 22, très semblable, mais plus fin, plus élancé, tête plus ronde, cou et bec plus minces. Le Cormoran huppé n'a jamais de tache blanche aux flancs ni le menton aussi blanc. **Plongeons** plus fins avec le bec pointu.

# Cormoran huppé

*Phalacrocorax aristotelis*

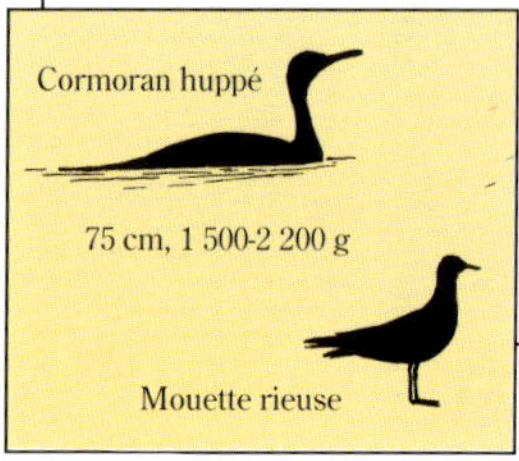


Race méditerranéenne distincte, jeune avec le ventre blanc ; confusion possible avec le jeune Grand Cormoran

Au nid, grognements gutturaux

Alors que le Grand Cormoran aime les eaux peu profondes des vasières, des baies abritées et tous types d'eaux douces, le Cormoran huppé est davantage un oiseau de pleine mer, vivant dans les secteurs ventés où les vagues s'écrasent contre les rochers. Exceptionnellement dans les terres, après des tempêtes prolongées.

Bien que le Cormoran huppé soit plus petit que le Grand Cormoran, cela n'est pas toujours évident quand l'oiseau se présente seul : il a alors bien l'air d'un gros oiseau.

Il a besoin d'une large corniche, souvent abritée, pour faire son nid – un énorme amas d'algues et de racines. Il pond 3 œufs ou plus, qui éclosent après 33 jours. Le jeune s'envole à 53 jours. Comme celui du Grand Cormoran, son nid se signale par l'amas de fientes blanchâtres accumulées dessous.

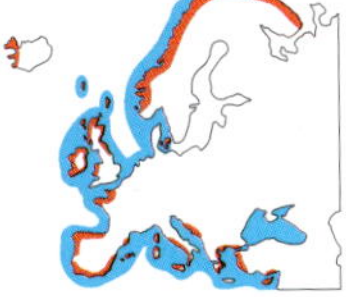

*Adulte vert huileux sombre et immature brun. Paraît mince, cou serpentiforme, tête ronde et bec mince, crochu au bout. Vole bas, souvent seul ou par deux, battements d'ailes rapides et profonds. Peut se nourrir en groupes compacts. Souvent près des côtes rocheuses.*

**OÙ ET QUAND**. Toutes les côtes rocheuses, rare dans les terres. Toute l'année.

**MILIEUX FAVORIS**. Falaises, eaux côtières agitées près des rochers, pleine mer.

## OISEAUX SEMBLABLES

**Grand Cormoran**, page 20, plus grand, tête plus plate, bec plus épais. Adulte : Cormoran huppé tout sombre avec le menton jaune ; Grand Cormoran avec du jaune et du blanc à la face. Jeune : Cormoran huppé brun avec une petite tache blanche au menton ; Grand Cormoran plus blanc dessous.

# Aigrette garzette

Jusque dans les années 1980, l'Aigrette garzette était rare dans le nord de l'Europe, mais elle s'est étendue le long des côtes. En Europe méridionale, c'est un oiseau familier, typique des marécages, des marais salants et des estuaires abrités. Son plumage blanc éclatant est souvent visible de très loin.

Une Aigrette garzette pêchant est un régal pour les yeux : elle se tient immobile, court rapidement, fait un écart latéral ou un saut sur place, et frappe soudain sa proie avec son long bec en harpon. Elle cherche souvent à se poser sur des plantes flottantes, gardant son équilibre en battant des ailes.

Le nid de branchettes est construit dans un arbre, souvent parmi ceux d'autres hérons. Les 3 à 5 œufs éclosent après 21 jours et les jeunes s'envolent 45 jours plus tard.

*Taille d'un grand goéland avec de longues pattes.*
*Bec mince en forme de harpon. Pattes longues et fines.*
*En vol, ailes assez larges, mais longues et coudées.*
*Se tient dressée et se perche souvent dans les arbres.*
*Active, se nourrit volontiers en eau peu profonde.*

**OÙ ET QUAND.** Répandue en Europe méridionale, côtes atlantiques et de la Manche. Partout en été. En hiver, pourtour méditerranéen et façade atlantique seulement.

**MILIEUX FAVORIS.** Marais salants, fleuves, estuaires, rivages rocheux.

## OISEAUX SEMBLABLES

**Héron cendré**, page 26, beaucoup plus grand, plus gris ; paraît pâle en plein soleil, mais jamais blanc.
**Spatule blanche**, page 30, plus massive, bec aplati, vole avec le cou tendu.
Attention aux goélands de loin en pleine lumière.

# Héron cendré

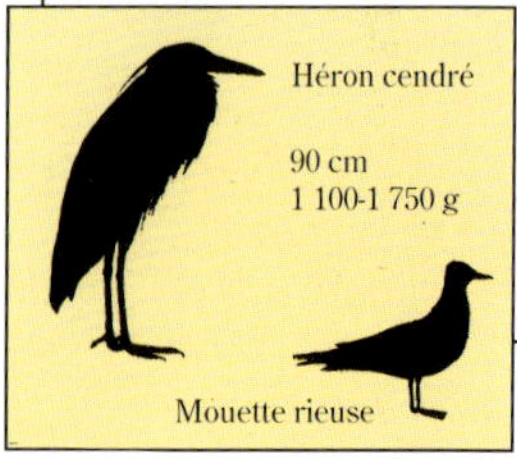


Dans la majeure partie de l'Europe, le Héron cendré est l'un des grands oiseaux les plus communs, avec le Cygne tuberculé et la Cigogne blanche. En vol, il ne peut être confondu avec nul autre grâce à ses larges ailes arquées, à son cou replié en S et à son vol puissant et direct. On le voit souvent posé au bord de l'eau ou même au milieu d'un champ, parfois en petits groupes ; il paraît alors gris et voûté. Il tend son long cou ou le tient penché en avant lorsqu'il pêche. De près, on voit son œil jaune vif, sa huppe hérissée et son regard attentif.

Les Hérons cendrés nichent en colonies (héronnières), pouvant compter plus d'une centaine de couples, dans les arbres (parfois dans les roseaux). Les 3 à 5 œufs sont pondus en fin d'hiver et éclosent après 25 jours. Les jeunes volent à 50 jours.

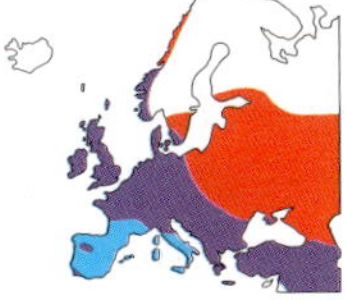

*Grand, dressé, avec la tête souvent rentrée dans les épaules. Se tient immobile ou marche lentement et en silence quand il pêche. En vol, cou replié en S, longues pattes tendues. Dérangé, décolle brusquement avec de puissants battements d'ailes.*

**Où et quand.** Toute la France en hiver ; rare dans le Sud-Ouest, les Alpes et la Corse en été.

**Milieux favoris.** Cours d'eau, lacs, étangs et tous types de rivages.

## OISEAUX SEMBLABLES

**Grue cendrée**, page 118, plus élancée, vole avec le cou tendu. **Cigogne blanche**, page 28, plus blanche ; en vol, cou tendu, ailes digitées.

# Cigogne blanche

Dans les années 1960, la Cigogne blanche a subi un sévère déclin en Europe de l'Ouest, par suite du drainage des marais, de l'usage de pesticides, de mauvaises conditions d'hivernage et d'électrocution sur les lignes aériennes (cause principale de la mortalité actuelle). Depuis les années 1980, les effectifs ont augmenté à nouveau et l'espèce est redevenue commune en France.

Comme certains grands rapaces, les cigognes migrent vers l'Afrique en survolant le moins possible les mers et se concentrent donc dans les détroits de Gibraltar et du Bosphore.

La Cigogne blanche construit son nid sur le toit d'un bâtiment, au sommet d'un arbre mort, ou sur une plate-forme artificielle. Les 3 à 5 œufs éclosent au bout de 33-34 jours et les jeunes s'envolent à 58-64 jours.

*Beaucoup plus grande qu'un Héron cendré. Longues pattes. Se déplace lentement en marchant. Souvent perchée sur les bâtiments ou les poteaux. S'envole en fin de matinée quand l'air est assez chaud pour planer.*

**Où et quand**. Europe centrale et péninsule Ibérique. En France, Alsace et façade atlantique surtout. De mars à septembre, rare en hiver.

**Milieux favoris**. Zones agricoles traditionnelles avec des marais, des étangs et des cours d'eau ; villages.

OISEAUX SEMBLABLES

**Cigogne noire**, toute noire avec le ventre blanc.
**Héron cendré**, page 26, plus petit, tête et cou striés de sombre, bec et pattes plus ternes.

# Spatule blanche

Marchant lentement en eau peu profonde, la Spatule blanche écume la surface de l'eau latéralement avec son bec à moitié ouvert. L'extrémité sensible du bec repère les poissons ou autres petits animaux, qui sont capturés et avalés.

Aucun autre oiseau blanc de cette taille ne se nourrit de cette façon. Le bec typique rend l'identification immédiate. En période de reproduction, la Spatule blanche affectionne les lacs peu profonds bordés de roselières et de buissons denses, où elle construit son nid de brindilles et de tiges de roseaux. En Espagne, elle niche sur de grands chênes, souvent aux côtés de divers hérons.

La femelle pond habituellement 4 œufs, qui éclosent après 24 ou 25 jours. À l'éclosion, le poussin a un bec ordinaire qui prend sa forme particulière plus tard.

*Taille d'un héron, massive avec un cou en forme de S. Pattes longues et robustes. Bec long, mince et aplati, avec l'extrémité en spatule. En vol, grande et massive, avec un long cou mince et tendu et de fortes pattes. Vol énergique.*

**OÙ ET QUAND.** En France, surtout dans la moitié ouest, mais assez rare. Niche seulement en Loire-Atlantique. Surtout en mars et en septembre.

**MILIEUX FAVORIS.** Lagunes et lacs bordés de roseaux, estuaires envasés.

## OISEAUX SEMBLABLES

Seule les **Aigrettes** sont aussi blanches : l'**Aigrette garzette**, page 24, est beaucoup plus petite. Attention aux **Cygnes tuberculés**, page 32, de loin.

# Cygne tuberculé

*Cygnus olor*

Le Cygne tuberculé est habituellement à moitié domestique et peu farouche. Il s'approche des berges pour manger le pain qu'on lui jette, mais souffle et grogne de façon agressive. Il est d'habitude silencieux. Le son typique qu'il émet est le bruissement sonore de ses ailes quand il vole.

On prétend de façon erronée que, d'un coup d'aile, un cygne peut briser la jambe d'un homme. L'oiseau est toutefois très vaillant quand quelque chose s'approche de son énorme nid de roseaux, construit sur un îlot ou une berge. Un Cygne tuberculé mâle cantonné poursuit les bateaux ou tout objet flottant qui pénètre sur son territoire.

De 5 à 7 œufs blancs sont pondus et couvés pendant 35 jours. Le jeune atteint sa taille adulte à 18 semaines.

*Énorme. Sur l'eau, relève souvent sa queue pointue et écarte les ailes. Cou épais en forme de S replié sur le dos. Nage avec le cou droit et le bec incliné vers le bas. Vole avec le cou tendu. Bruit d'ailes caractéristique.*

**Où et quand.** Très répandu (surtout en hiver), sauf en altitude.

**Milieux favoris.** Lacs, fleuves, gravières en eau, estuaires abrités.

## OISEAUX SEMBLABLES

**Cygne chanteur**, page 34, taille semblable, tête triangulaire, bec jaune et noir, queue carrée.
**Cygne de Bewick**, page 34, comme un petit Cygne chanteur à tête plus ronde.

# Cygne chanteur/C. de Bewick

Ces deux cygnes se ressemblent et sont tous deux des visiteurs d'hiver dans le nord-ouest de l'Europe.

Après avoir niché en Islande et dans l'Arctique eurasien, le Cygne chanteur migre vers le sud pour l'hiver. Il est fréquent en Écosse et aux Pays-Bas. Quelques-uns atteignent la moitié nord de la France. Il se nourrit dans les prairies et les cultures et dort sur les lacs, les estuaires ou les bassins.

Le Cygne de Bewick est typique des régions de plaines. Dans certaines régions d'Angleterre et des Pays-Bas, les deux cygnes (de même que le Cygne tuberculé, page 32) se nourrissent et dorment ensemble en des rassemblements spectaculaires. En France, le Cygne de Bewick arrive en novembre et repart en mars; il hiverne en petit nombre en Camargue.

◁ *Le Cygne chanteur est aussi grand que le Cygne tuberculé, mais tient le cou plus droit, le bec horizontal et la queue à plat. Plus agile à terre.*

▷ *Le Cygne de Bewick est petit, semblable à une oie, avec un long cou mince. Tête ronde, bec un peu plus fin, moins plat. Babil musical et cris plus doux que ceux du Cygne chanteur.*

**Où et quand.** En France, hiverne dans le Nord-Est, sur les côtes du Nord et en Bretagne. Niche en Islande.

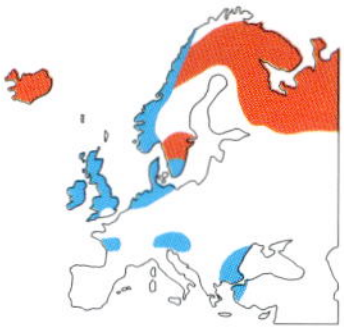

Cygne chanteur

Cygne de Bewick

**Où et quand.** En France, hiverne seulement en Camargue. Niche en Sibérie.

**Milieux favoris.** Prairies humides, cultures, bords des lacs.

**Milieux favoris.** Champs, étangs, vallées fluviales.

# Oie des moissons/O. à bec court

**Oie des moissons**
*Anser fabalis*

**Oie à bec court**
*Anser brachyrhynchus*

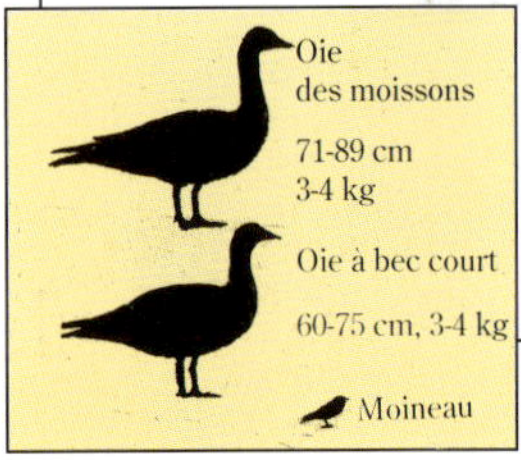


*A. fabalis :* en vol, cancanement profond et guttural, *oung-ounk* ou *kayakak*

Ces deux oies, très semblables, visitent l'Europe de l'Ouest en hiver.

L'Oie des moissons est abondante dans certaines régions des Pays-Bas et dans d'autres régions de plaine d'Europe. En France, c'est l'oie sauvage la plus commune, surtout dans la moitié nord du pays. Accompagne souvent d'autres oies, comme l'Oie rieuse, mais elle n'est jamais très nombreuse.

L'Oie à bec court est l'oie la plus rare en France, où quelques individus se montrent occasionnellement. Elle hiverne surtout en Grande-Bretagne, où elle est l'oie sauvage la plus abondante, ainsi que dans les polders des Pays-Bas. Elle se nourrit en grandes troupes dans les champs durant la journée et passe la nuit sur les lacs ou les estuaires.

◁ *L'Oie des moissons est grande, sombre, avec une tête allongée. Dessus brun, plus ou moins barré de chamois. En vol, dessus de l'aile sombre.*

▷ *L'Oie à bec court est plus délicate, avec une tête ronde et un bec plus petit. Dessus plus gris et avant de l'aile gris-bleu visible en vol, poitrine chamois pâle.*

**OÙ ET QUAND.** Baie de Somme, lacs de Champagne, vallée du Rhin et Val de Loire-Allier surtout. De novembre à mars.

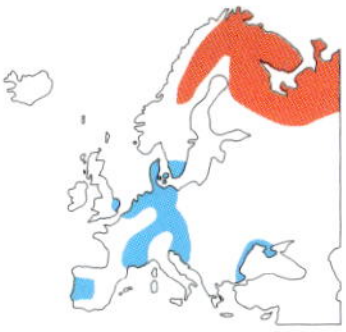

Oie à bec court

Oie des moissons

**OÙ ET QUAND.** Pays-Bas, Belgique et îles britanniques surtout. D'octobre à mars.

**Milieux favoris.** Marais, prairies inondées, lacs.

**Milieux favoris.** Prés humides, champs inondés, marais, estuaires.

# Oie rieuse

*Anser albifrons*

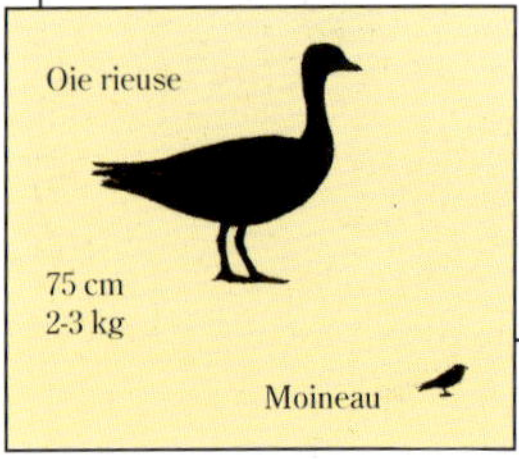


L'Oie rieuse est très abondante en hiver aux Pays-Bas. En France, on la rencontre en petit nombre dans le nord du pays, mais elle hiverne surtout sur les lacs de Champagne. Ces oiseaux sont originaires de Russie. Une autre forme, plus sombre avec le bec orange, niche au Groenland et visite l'Irlande et l'ouest de l'Écosse chaque hiver. Les oiseaux de l'Est ont tendance à former de plus grandes troupes dans les régions de plaines dégagées, tandis que les oies groenlandaises se nourrissent en plus petits groupes, souvent dans les champs et les marais, parfois sur les landes dénudées.

L'Oie rieuse niche dans la toundra du Grand Nord, sur les îles des rivières ou des tourbières. Les familles restent habituellement unies jusqu'à l'année suivante, comme chez les autres oies.

*Oie grande et agile. Bec plus mince, corps plus élancé qu'une oie domestique. Marche plus aisément et décolle facilement. Vole souvent en longues lignes ou en V. Cris aigus, modulés, rappelant des aboiements.*

**OÙ ET QUAND.**
Allemagne et Pays-Bas surtout. En France, de novembre à mars, dans la moitié nord.

**MILIEUX FAVORIS.**
Marais côtiers, pâtures, prairies, landes.

## OISEAUX SEMBLABLES

Le jeune, sans blanc au front et sans noir au ventre, ressemble aux **Oies des moissons, à bec court** et **cendrée**, pages 36 et 40, mais la couleur du bec et des pattes permet de l'identifier. L'Oie cendrée est beaucoup plus massive. L'Oie à bec court a une tête plus ronde.

# Oie cendrée

*Anser anser*

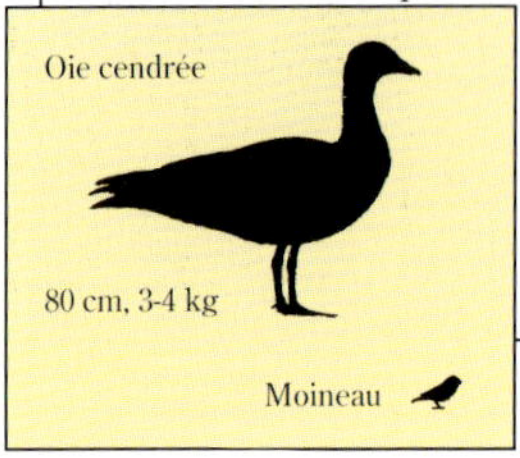


L'Oie cendrée était autrefois commune dans toutes les plaines d'Europe – notre vision romantique des oies sauvages arrivant du nord en hiver est assez récente. L'espèce a été introduite çà et là en Europe, en Grande-Bretagne surtout.

En France, de petites populations, introduites pour la plupart, se rencontrent en baie de Somme, Brière, Vendée, dans le bassin d'Arcachon et depuis peu en Camargue. De passage surtout dans l'ouest du pays, l'Oie cendrée hiverne essentiellement en baie de l'Aiguillon et sur les lacs de Champagne.

Le nid, construit au sol ou sur un îlot, est fait d'herbes et de racines, et garni de duvet. Les 4 ou 5 œufs éclosent après 28 jours et les jeunes s'envolent à 8 semaines.

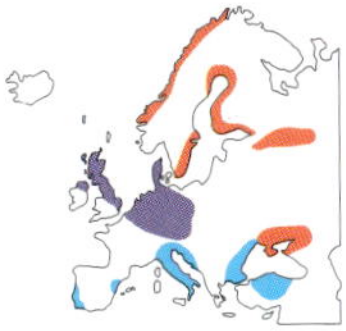

*Très grosse oie, version pâle de l'oie domestique. Grosse tête et bec très fort. Cris caquetants, moins musicaux que ceux des autres oies. Les oiseaux sauvages sont très farouches, mais les oiseaux introduits sont beaucoup plus confiants.*

**Où et quand.** En France, de passage partout en octobre-novembre et février-mars ; hiverne localement.

**Milieux favoris.** Pâtures, marais, grands réservoirs.

## OISEAUX SEMBLABLES

Jeune **Oie rieuse**, page 38, plus pâle, plus agile, avec un bec rose plus fin.
**Oie des moissons**, page 36, plus sombre, bec et tête plus allongés, fort contraste entre cou et poitrine.
**Bernache du Canada**, page 42, cou toujours noir.

# Bernache du Canada

*Branta canadensis*

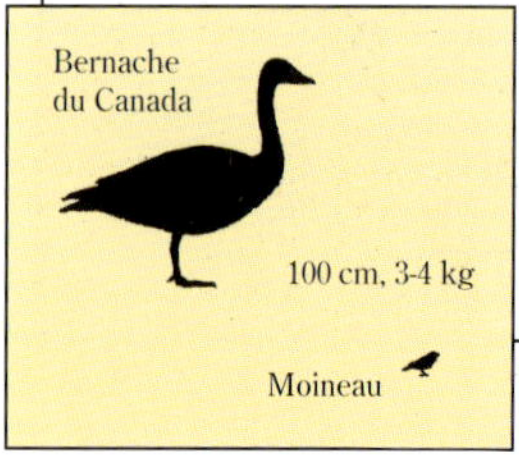


Originaire d'Amérique du Nord, la Bernache du Canada a été importée en Grande-Bretagne comme oiseau d'ornement et s'est implantée dans toute l'île, avant de s'étendre aux régions d'Europe voisines : sud de la péninsule scandinave, Pays-Bas, Belgique.

En France, elle se reproduit localement en Auvergne, dans les Yvelines, le Pas-de-Calais et le Nord. En hiver, la Bernache du Canada peut être observée çà et là, surtout dans la moitié nord du pays.

Le nid est souvent construit sur un îlot, au bord de l'eau. Cinq ou six œufs de couleur crème sont couvés pendant 28 jours. Les oisons peuvent voler à l'âge de 6 semaines.

*Grande taille, long cou. Souvent en grandes troupes près de l'eau. Vole avec le cou tendu, en V ou en longues lignes. Ailes longues et larges, battements lourds. Les couples se forment au printemps. Le territoire est basé sur une île ou sur la berge retirée d'un plan d'eau.*

**OÙ ET QUAND.** Sédentaire en France. Certains oiseaux britanniques et scandinaves descendent vers le sud en hiver.

**MILIEUX FAVORIS.** Grands lacs de plaine, prairies herbeuses, gravières en eau.

## OISEAUX SEMBLABLES

Aucune autre oie n'a le cou noir, le menton blanc et la poitrine blanche.
**Bernache nonnette**, page 44, poitrine noire, corps gris.
**Bernache cravant**, page 44, beaucoup plus petite, plus noire.
Attention aux **Grands Cormorans**, page 20, volant en V.

# Bernache nonnette/B. cravant

*B. leucopsis* immature : poitrine plus grise, face terne

*B. bernicla* immature : barres pâles sur l'arrière de l'aile

*B. bernicla :* cris roulés, sourds et gutturaux

*B. leucopsis :* cris aboyés

La Bernache nonnette niche dans les régions isolées du Groenland, de Sibérie et du Spitzberg. Les oiseaux du Spitzberg hivernent en Angleterre, les russes aux Pays-Bas (quelques-uns également sur les côtes de la Manche) et les groenlandais dans l'ouest de l'Écosse et jusqu'en Irlande. En France, elle apparaît lorsque des vagues de froid poussent les oiseaux plus au sud.

Autrefois considérée comme menacée, la Bernache cravant est devenue commune sur nos côtes grâce à sa protection. Deux formes atteignent l'Europe chaque hiver : des oiseaux sibériens à ventre sombre et des groenlandais à ventre pâle. Les premiers sont les plus abondants et hivernent aux Pays-Bas, en Angleterre et en France ; les seconds passent l'hiver au Danemark, en Irlande et dans le nord-est de l'Angleterre.

◁ *La Bernache nonnette est de taille moyenne. Cou épais, tête ronde, petit bec court. Vol en troupes compactes.*

▷ *La Bernache cravant est petite, massive, avec une tête allongée. Paraît toujours sombre avec l'arrière blanc. Se nourrit et vole en groupes denses.*

**Où et quand.** En France, quelques oiseaux dans le Nord, de décembre à mars.

Bernache nonnette

Bernache cravant

**Où et quand.** Abondante sur littoral de la Manche, golfe du Morbihan, îles de Ré et d'Oléron, bassin d'Arcachon, d'octobre à mars.

**Milieux favoris.** Vasières, marais côtiers, pâtures, champs de céréales.

**Milieux favoris.** Estuaires, prairies humides, marais.

# Tadorne de Belon

*Tadorna tadorna*

Juvénile terne, blanc sale avec des marques brun-noir, face blanchâtre

Cancanements en série et sifflements au printemps

Le Tadorne de Belon est un canard typique des rivages marins, mais il s'installe de plus en plus à l'intérieur des terres, où on peut aussi le voir lors des migrations.

En fin d'été, les tadornes du nord-ouest de l'Europe se rassemblent dans les grands estuaires de la mer du Nord pour muer en sécurité. Ils y trouvent de la nourriture en abondance. C'est l'un des rares exemples de « migration de mue », qui conduit certains oiseaux à se déplacer vers le nord-est.

Le nid est construit dans une touffe d'herbe, sous des fourrés et dans des terriers de lapins. La femelle pond jusqu'à 15 œufs, qui seront couvés pendant 1 mois. Les jeunes s'envolent à 45 jours. Quelques adultes restent dans les zones de reproduction pour surveiller les jeunes tadornes rassemblés en grandes troupes.

*Grande taille. Grosse tête ronde avec une bosse à la base du bec. Longues pattes, mais marche lentement. Vol lourd, rappelant celui d'une oie. Souvent en groupes lâches ou en couples.*

**OÙ ET QUAND.** La plupart des côtes d'Europe de l'Ouest. Toute l'année.

**MILIEUX FAVORIS.** Baies envasées, estuaires, plages de sable et dunes.

## OISEAUX SEMBLABLES

Aucun autre canard n'est aussi contrasté. Le juvénile a le bec plus pâle et n'a pas la tête noire, mais ne ressemble à rien d'autre.
**Canard souchet**, page 60, plus petit, corps long et aplati, bec en spatule.

# Canard siffleur

*Anas penelope*

Quelques Canards siffleurs nichent dans le nord de l'Écosse, mais la grande majorité des oiseaux qui hivernent en Europe de l'Ouest sont plus nordiques et plus orientaux. Ils arrivent en septembre et repartent en mars ou avril.

Ces visiteurs fréquentent les marais et les prés inondés et forment souvent de grandes troupes compactes. Des rassemblements considérables recouvrent parfois les champs et les prés-salés, près des estuaires, et leurs cris aigus remplissent l'air.

L'espèce se nourrit essentiellement dans les prairies herbeuses, sur les côtes ou à l'intérieur des terres.

Sept ou 8 œufs sont pondus dans un nid construit au sol et garni de duvet. L'éclosion a lieu après 24 jours et les jeunes s'envolent à 6 semaines.

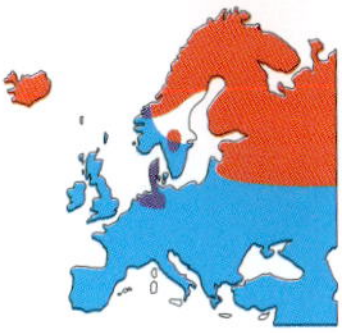

*Canard de taille moyenne avec la queue pointue. Petit bec court et front abrupt. Fréquemment à terre, pattes courtes. Se nourrit en troupes denses qui avancent lentement.*

**Où et quand.** De l'automne au printemps, surtout sur les côtes, mais aussi les grands lacs de Champagne et le cours du Rhin.

**Milieux favoris.** Prés inondés, lacs, pâtures, marais salants, estuaires.

## OISEAUX SEMBLABLES

**Sarcelle d'hiver** mâle, page 52, plus sombre, tête sombre sans front pâle; femelle plus petite avec du vert vif à l'arrière de l'aile. **Canards colvert** et **chipeau** femelles, pages 54 et 50, plus grosses, plus rayées, brun sable, bec plus long.

# Canard chipeau

*Anas strepera*

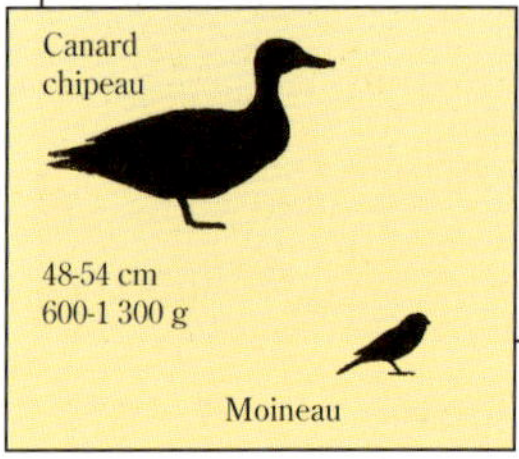


Introduit en de nombreux endroits, le Canard chipeau s'est répandu dans une grande partie de l'Europe de l'Ouest. Toutefois, il est très localisé. En France, il niche principalement dans les grandes zones d'étangs (Lorraine, Champagne, Dombes, Forez, Camargue, Sologne et Brenne). C'est un canard insignifiant, plutôt terne, mais, de près, il se révèle très beau, avec une certaine élégance. Contrairement aux Canards colverts et siffleurs, il est assez silencieux. Ses cris sont aigus et nasillards.

Le Canard chipeau exploite les plongées de la Foulque macroule et d'autres plongeurs qui rapportent des plantes à la surface, sur lesquelles il se précipite.

Le nid, proche de l'eau, contient de 8 à 12 œufs, qui éclosent en 28 jours. Les jeunes volent à 7 semaines.

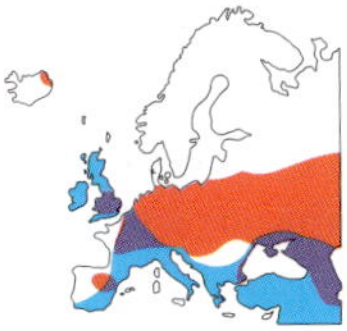

*Grand canard, front abrupt, calotte aplatie, long bec fin. Sur l'eau, noter le corps long et large, et la petite tête. Se nourrit souvent sur l'eau avec des Foulques macroules et d'autres oiseaux d'eau. Peu souvent à terre.*

**Où et quand.** Localisé en été, répandu en hiver (novembre surtout).

**Milieux favoris.** Lacs de plaine, marais, gravières en eau, étangs.

## OISEAUX SEMBLABLES

**Canard colvert** mâle, page 54, plus contrasté, tête verte ; femelle plus rayée, front plus plat, bec plus long, pattes orange vif.
**Sarcelle d'hiver**, page 52, plus petite, pattes grises.
**Canard siffleur** femelle, page 48, moins de blanc sur l'aile, bec court.

# Sarcelle d'hiver

*Anas crecca*

Cris brefs et tintants, *cruck-cruck*

La Sarcelle d'hiver est un petit canard actif. En vol, petits groupes très mobiles, virant fréquemment, évoquant plus des pluviers ou d'autres limicoles que des canards. Les cris aigus du mâle, souvent caché, ressemblent à des tintements de clochette : un bruit évocateur des étangs en hiver.

Les Sarcelles d'hiver se rassemblent souvent en bordure des lacs, dans les eaux vaseuses et peu profondes, parmi les plantes aquatiques. Les réservoirs dont le niveau chute en fin d'été les attirent souvent. L'espèce barbote et se nourrit en eau peu profonde, et il peut y en avoir beaucoup, là où quelques-unes seulement sont visibles.

Le nid est habituellement près de l'eau, dans les herbes ou les joncs. Les 8 à 10 œufs sont couvés durant 21 jours et les jeunes s'envolent à 23 jours.

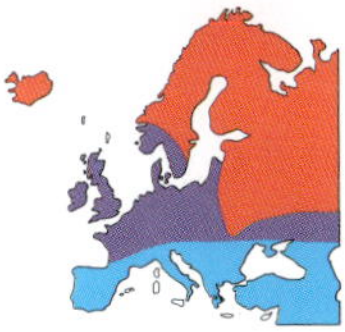

*Très petit canard. Tête plutôt grosse. Bec mince, pattes courtes. Marche aisément, mais lentement. Flotte haut sur l'eau, comme un bouchon. S'envole facilement. Vole en petits groupes, montant et descendant, montrant tantôt le dessous pâle, tantôt le dessus sombre.*

**OÙ ET QUAND.** Toute l'année, mais surtout abondante d'août à avril.

**MILIEUX FAVORIS.** Réservoirs, lacs, étangs, marais et tourbières.

## OISEAUX SEMBLABLES

Le mâle ressemble à un petit **Canard siffleur**, page 48, mais tête et corps sont plus sombres, la ligne blanche est plus fine sur les flancs.
Femelle plus terne que les autres canards, brun plus gris avec une raie pâle de chaque côté de la queue.

# Canard colvert

*Anas platyrhynchos*

Le Canard colvert est le plus familier des canards : il cancane, se nourrit dans les plans d'eau peu profonds et n'hésite pas à venir manger le pain qu'on lui jette. Pourtant, il s'agit bien d'un canard sauvage. Certains oiseaux, qui arrivent en Europe de l'Ouest chaque hiver, viennent de très loin et sont très farouches. Cela est dû au fait que des centaines de milliers d'oiseaux sont tirés chaque année.

Avec sa tête verte et ses taches alaires bleu-violet, le mâle est l'un des plus beaux canards. En été, il mue et prend un plumage brun, semblable à celui de la femelle, le plumage d'éclipse qui dure jusqu'à la fin de l'automne.

Le nid, garni de duvet, se trouve habituellement au sol, près de l'eau. Les 7 à 16 œufs éclosent après 28 jours et les canetons s'envolent à 50 jours.

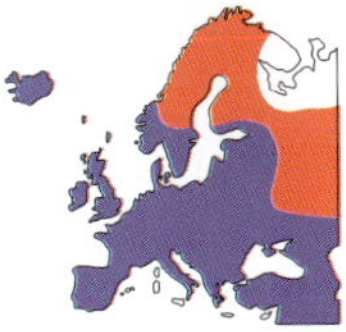

*Grand canard. Corps massif, ailes et bec longs. Mâle avec des plumes recourbées sur la queue. En vol, tête et cou allongés, battements d'ailes sous le niveau du corps. Se nourrit souvent la tête sous l'eau et le derrière en l'air, mais vient aussi à terre pour brouter.*

**Où et quand.** Très répandu durant toute l'année.

**Milieux favoris.** Tous types de milieux aquatiques, des parcs urbains aux étangs retirés, rivières, estuaires et marais.

## OISEAUX SEMBLABLES

**Canard souchet**, page 60, poitrine blanche ; femelle avec un gros bec et une queue courte.
**Canard chipeau**, page 50, pattes pâles ; bec de la femelle avec les côtés orange bien délimités.
**Canard siffleur** femelle, page 48, plus ronde, moins rayée, bec court.

# Canard pilet

*Anas acuta*

Silencieux, sifflement grave occasionnel

Des canards de surface – ceux qui ne plongent pas sous l'eau et dont le nom scientifique est *Anas* –, le Canard pilet est le plus raffiné. Le mâle est particulièrement élancé avec un cou effilé et une longue queue pointue.

Les Canards pilets sont visibles à l'intérieur des terres, dans les prés inondés et les marais, mais sont habituellement peu communs, la plupart des populations d'Europe de l'Ouest se concentrant dans quelques estuaires. Dans ces endroits, où ils sont traditionnellement abondants, ils se rassemblent par centaines, la poitrine blanche des mâles ressortant dans la lumière grise de l'hiver.

De 7 à 9 œufs sont pondus dans un nid construit sur un îlot. Ils éclosent après 23 jours et les jeunes peuvent voler 6 ou 7 semaines plus tard.

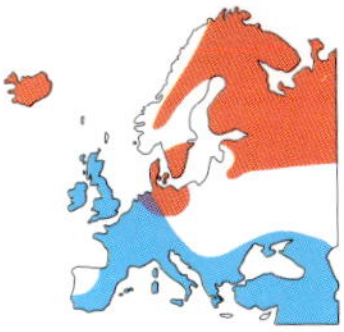

*Long et mince à chaque bout avec un corps plutôt fort. Bec fin à bords parallèles. Pattes courtes lui donnant une démarche maladroite. En vol, très allongé et effilé à chaque bout. Se nourrit souvent sur les bords envasés des étangs ou des marais salants.*

**OÙ ET QUAND.** Principalement en hiver, surtout sur le littoral atlantique et en Camargue.

**MILIEUX FAVORIS.** Estuaires envasés, marais salants, prés inondés.

## OISEAUX SEMBLABLES

Mâle différent des autres canards : voir **Canard souchet** (page 60) et **Harelde boréale** (page 68). Femelle comme celle des **Canards colvert** et **chipeau**, pages 54 et 50, mais plus pâle, souvent grise à la tête, bec gris. **Sarcelle d'hiver**, page 52, beaucoup plus petite.

# Sarcelle d'été

*Anas querquedula*

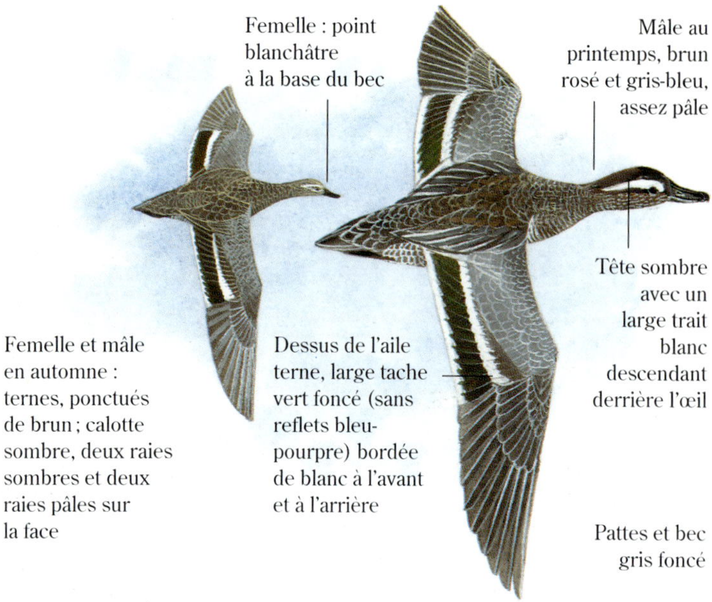


Crécelle râpeuse et sèche au printemps

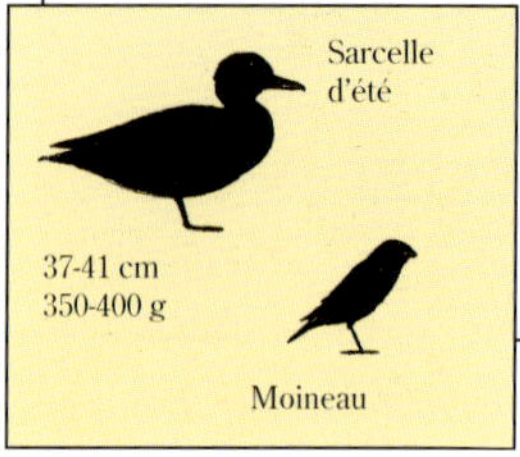


La Sarcelle d'été est un visiteur d'été en Europe, contrairement aux autres canards qui sont plus abondants en hiver. Elle migre vers l'Afrique en hiver, et la protection des zones humides africaines est essentielle pour sa survie.

C'est un oiseau méconnu : en France et dans toute l'Europe septentrionale, c'est presque une rareté. La plupart sont visibles au printemps, lorsque des couples ou de petits groupes s'arrêtent en des endroits favorables, avant de repartir pour nicher. En automne, l'espèce est plus difficile à voir, car les jeunes et les mâles ressemblent à la femelle ou aux autres canards bruns.

Le nid, construit au bord de l'eau, est fait d'herbes et garni de duvet. Les 10 ou 11 œufs éclosent au bout de 22 jours. Les canetons s'envolent à 5 ou 6 semaines.

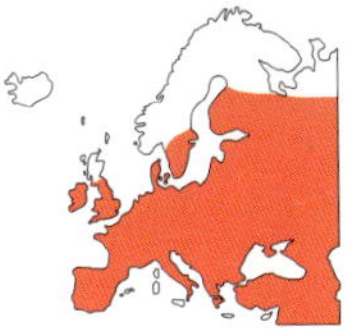

*Petit canard, un peu plus grand que la Sarcelle d'hiver. Tête plutôt carrée, bec long et horizontal. Barbote en eau peu profonde et dans les champs inondés. Vol rapide et agile comme celui de la Sarcelle d'hiver. En Europe, habituellement en couples ou petits groupes.*

**OÙ ET QUAND.** De mars à septembre, dans toute l'Europe, mais généralement rare.

**MILIEUX FAVORIS.** Eaux douces peu profondes, marais salants, inondations.

OISEAUX SEMBLABLES

**Sarcelle d'hiver** femelle, page 52, plus unie, face pâle sans tache blanche à la base du bec, ni trait pâle sous l'œil.
**Canard chipeau**, page 50, plus grand avec les pattes pâles.
**Canard souchet**, page 60, plus grand avec un long bec, pattes orange.

# Canard souchet

*Anas clypeata*

Le Canard souchet est massif et disgracieux, mais son plumage est remarquable. Le mâle est généralement facile à reconnaître, mais la femelle ressemble à un Canard colvert et peut être difficile à identifier à distance. L'énorme bec est le meilleur caractère. Le Canard souchet est sociable et se nourrit parfois en groupes denses.

Lorsque le Canard souchet s'envole, ses ailes produisent un bruissement sonore – un caractère d'identification utile. Le reste du temps, il est plutôt silencieux et discret, en particulier si on le compare au Canard colvert, très loquace, qu'il accompagne souvent.

Le nid se trouve habituellement dans un endroit sec et contient de 8 à 12 œufs. L'éclosion se produit après 28 jours et les jeunes s'envolent à 40-45 jours.

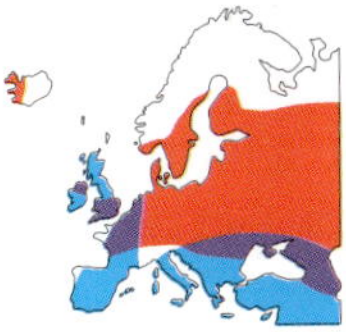

*Canard de taille moyenne, paraissant massif. Penché en avant quand il nage, l'avant du corps étant souvent submergé, bec incliné vers l'eau. Longues ailes pointues repliées au-dessus de la queue. En vol, paraît tronqué à l'arrière et massif à l'avant.*

**OÙ ET QUAND.** Principalement au printemps et à l'automne, répandu. Niche localement dans la moitié nord de la France.
**MILIEUX FAVORIS.** Lacs, réservoirs, prés inondés, estuaires.

## OISEAUX SEMBLABLES

Mâle bien distinct des autres canards. Tête et bec noirs, poitrine blanche saillante. Femelle comme celle du **Canard colvert**, page 54, mais noter le bec long, large et aplati, le plumage plus coloré. En vol, avant de l'aile bleu pâle.

# Fuligule milouin

Dans la majeure partie de l'Europe de l'Ouest, le Fuligule milouin est un visiteur régulier, mais les oiseaux nicheurs sont rares et dispersés. Sur de nombreux lacs et réservoirs, du début de l'automne au printemps, des groupes se mêlent aux Fuligules morillons : ces deux espèces se rencontrent invariablement ensemble.

Alors que le Fuligule morillon est actif de jour, le Fuligule milouin se nourrit fréquemment de nuit et passe la journée à flotter simplement, la tête posée sur le dos et les yeux ouverts par intermittence. Pour se nourrir, il plonge à la façon du Fuligule morillon, mais il est plus végétarien que ce dernier.

Le nid de roseaux secs est d'habitude construit au sol près de l'eau. Les 6 à 11 œufs éclosent après 24-28 jours ; les jeunes s'envolent à 50-55 jours.

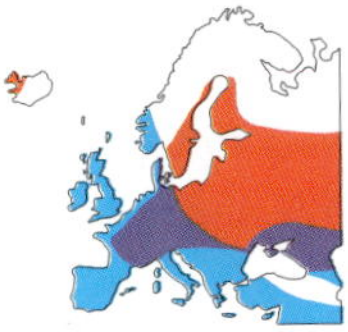

*Canard de taille moyenne avec une tête ronde, un dos arrondi. Sociable. Plonge sous l'eau pour se nourrir. Vol rapide et direct, souvent en formations serrées, faisant de larges virages. Les grandes troupes sont généralement formées en majorité de mâles.*

**OÙ ET QUAND.** Partout en hiver. Niche surtout dans les grandes régions d'étangs.

**MILIEUX FAVORIS.** Étangs bordés de roseaux en été. Tous types de plans d'eau douce, des gravières aux petits lacs. Rare en mer.

## OISEAUX SEMBLABLES

Femelle plus pâle que celle du **Fuligule morillon**, page 64, avec la gorge pâle et un trait pâle sur l'œil.
**Fuligule milouinan**, page 64, flancs blancs et tête noire.
**Canard siffleur**, page 48, front pâle, tache blanche à l'aile et à l'arrière des flancs.

# Fuligule morillon/F. milouinan

Le Fuligule morillon est commun et familier : on le voit sur tous les lacs, dans toutes les gravières en eau. Il se rassemble souvent par centaines. À l'intérieur des terres, les troupes attirent d'autres espèces plus rares, comme le Garrot à œil d'or ou même le Harle piette. Le nid se trouve généralement près de l'eau et abrite de 6 à 14 œufs qui éclosent après 23-26 jours ; les jeunes s'envolent à 6 semaines.

Comparé au Fuligule morillon, le Fuligule milouinan est plus massif. Il paraît nettement plus gros et ressort bien au milieu d'une troupe. Mais le plumage des immatures et des femelles est troublant. Les Fuligules milouinans vivent en mer le long des côtes et pénètrent dans les estuaires avec la marée. Rare et en petit nombre à l'intérieur des terres.

*Le Fuligule morillon est un canard rondelet de taille moyenne, actif de jour. Le mâle a une huppe tombant à l'arrière de la tête, celle de la femelle est réduite.*

*Le Fuligule milouinan est plus grand, plus massif, avec une tête ronde sans huppe. Front abrupt et bec large. Se repose volontiers sur l'eau, la queue relevée. Plonge souvent quand il se nourrit. Sociable.*

**Où et quand.** Presque partout où il y a de l'eau. Toute l'année mais plus abondant en hiver.

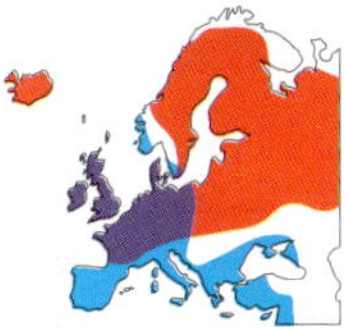

Fuligule morillon

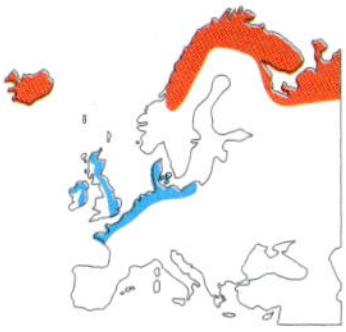

Fuligule milouinan

**Où et quand.** De l'automne au printemps, surtout le long des côtes occidentales.

**Milieux favoris.** Plans d'eau dégagés, des gravières aux parcs urbains, larges rivières et estuaires.

**Milieux favoris.** Estuaires, baies sableuses, eaux côtières peu profondes.

# Eider à duvet

Comme les autres canards, l'Eider à duvet femelle s'arrache du duvet sur la poitrine pour garnir chaudement son nid. C'est ce duvet qui est utilisé pour la confection des manteaux, couettes et oreillers.

Avec son plumage contrasté et coloré, dont la finesse ne peut être appréciée que de près, l'Eider à duvet mâle est l'un des canards européens les plus étonnants. La femelle, au premier abord plus terne que le mâle, apparaît subtilement colorée lorsqu'on peut l'observer de près. L'Eider à duvet est un canard essentiellement marin, qui pénètre rarement à l'intérieur des terres.

Le nid est construit parmi les rochers ou dans la végétation, souvent en groupes. Les 4 à 6 œufs éclosent après 27-28 jours d'incubation et les jeunes s'envolent à 55-60 jours.

*Grand canard massif avec la tête triangulaire. Souvent en eau peu profonde près des rochers. Grandes troupes dans les baies abritées. En vol, paraît massif, mais puissant. Les jeunes mâles passent par des stades de mue complexes.*

**OÙ ET QUAND.** Côtes d'Europe septentrionale. En France, en hiver essentiellement.

**MILIEUX FAVORIS.** Côtes marines, des îles rocheuses aux baies sableuses, récifs, bancs de sable des estuaires.

## OISEAUX SEMBLABLES

Aucun autre canard mâle commun n'a le dessous noir et le dessus blanc.
La femelle du **Canard colvert**, page 54, et des autres canards n'est pas barrée, comme l'Eider à duvet, mais rayée en long.

# Harelde boréale

*Clangula hyemalis*

Harelde boréale

41-45 cm, 500 g

Moineau

Peu de canards sont aussi délicats et attirants que l'Harelde boréale : c'est dommage qu'on la voie si peu souvent. En France, elle est rare. La découvrir en hiver, le long des côtes de la Manche, est un grand moment d'émotion et de plaisir. Toujours active et en mouvement, elle se distingue des troupes de fuligules endormies que l'on voit sur les lacs.

C'est surtout en fin d'automne que des immatures apparaissent à l'intérieur des terres, généralement à l'unité et pour quelques jours seulement. Leur plumage inhabituel rend souvent perplexes les observateurs qui ne voient pas immédiatement de quelle espèce il s'agit. L'Harelde boréale se distingue des autres canards par sa grande variété de plumages, tous plus beaux les uns que les autres.

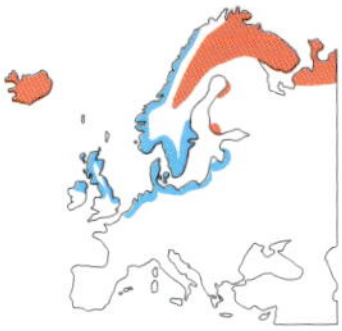

*Canard de petite taille. Tête compacte et carrée avec un petit bec court. Plumage très contrasté en toutes saisons, mais particulièrement en hiver chez le mâle.*
*En automne, le plumage des jeunes est déroutant.*
*Plonge souvent. À l'aise par mer forte.*

**OÙ ET QUAND.** En France, rare sur les côtes de la Manche et de l'Atlantique, encore plus exceptionnelle à l'intérieur des terres. De novembre à mars.

**MILIEUX FAVORIS.** Eaux côtières peu profondes sur fond sableux, estuaires, baies ensablées.

## OISEAUX SEMBLABLES

Attention au **Guillemot de Troïl**, page 184, en vol – bec et tête plus longs et pointus.
Les **grèbes**, pages 8 à 13, ont une calotte sombre et des joues pâles.
**Fuligule milouinan**, page 64, dessin de tête différent.
**Canard pilet**, page 56, queue effilée, mais plumage différent.

# Macreuse noire/M. brune

Les troupes de Macreuses noires et brunes affectionnent la pleine mer. En France, on les rencontre en hiver sur les côtes de la Manche et de l'Atlantique. Le meilleur moyen de les voir est d'observer à partir d'un endroit dominant une grande baie, ou une côte assez dénudée, et de chercher une masse sombre à l'horizon sur les vagues. Parfois, les macreuses se rapprochent ou volent sur quelques centaines de mètres, en une longue ligne irrégulière, avant de se reposer brusquement sur l'eau. Habituellement, des taches blanches sur les ailes indiquent la présence de quelques Macreuses brunes.

Il arrive que quelques macreuses apparaissent en hiver sur des rivières ou des lacs à l'intérieur des terres, où on peut les observer dans de meilleures conditions.

*La Macreuse noire a un cou mince et une queue pointue. Très sociable, souvent par centaines. Vol rapide et bas. Relève fréquemment la tête et la queue.*

*La Macreuse brune est plus grosse, plus massive, avec des taches blanches aux ailes.*

**Où et quand.** Niche dans le nord-ouest de l'Europe. En France, le long des côtes occidentales en hiver.

Macreuse noire

Macreuse brune

**Où et quand.** Côtes du nord et de l'ouest de l'Europe, en automne et en hiver.

**Milieux favoris.** Grandes baies et larges estuaires, zones de faibles profondeurs.

**Milieux favoris.** Grandes baies sableuses.

# Garrot à œil d'or

*Bucephala clangula*

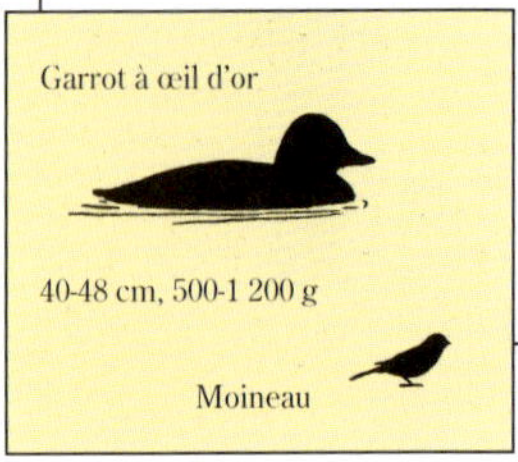


Grognement sourd ; le mâle émet un cri double et nasal

Jeune plus terne que la femelle, sans collier blanc net et avec moins de blanc sur l'aile. Le jeune mâle a la tête sombre avec une tache blanche mal définie

Abondant en Scandinavie, le Garrot à œil d'or est en augmentation dans certaines régions d'Europe (Écosse notamment), grâce à l'installation de nichoirs artificiels. En France, quelque 2 000 oiseaux viennent passer l'hiver le long des côtes et à l'intérieur des terres.

Le Garrot à œil d'or est un oiseau superbe, surtout le mâle. Comme pour les autres canards, son plumage paraît incroyablement impeccable et propre, quand on le voit de près. On voit généralement peu de mâles « plus blancs que blanc » dans les groupes, mais ce sont les femelles et immatures gris foncé qui dominent. Dans certaines régions, on note toutefois une augmentation du nombre de mâles adultes au début du printemps, avant que les troupes repartent vers le nord pour se reproduire.

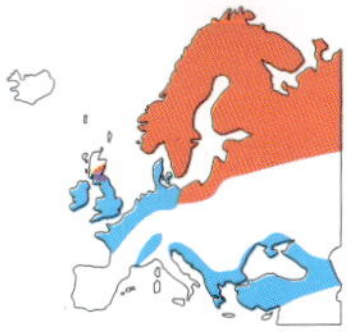

*Canard de taille moyenne, assez trapu. Mâle plus gros que la femelle. Grosse tête avec un front abrupt, calotte bombée, nuque gonflée. Dos rond, queue longue, souvent relevée. Vol bas et rapide avec sifflements d'ailes. Plonge constamment quand il se nourrit.*

**OÙ ET QUAND.** En hiver, moitié nord de la France (golfe du Morbihan, cours du Rhin et lac Léman surtout).

**MILIEUX FAVORIS.** Des côtes aux réservoirs, gravières, lacs de montagne retirés.

## OISEAUX SEMBLABLES

**Harle piette mâle**, page 74, tête plus blanche.
**Harle bièvre**, page 78, plus gros avec un long bec.
**Macreuse brune**, page 70, tache blanche sur l'aile, mais corps et tête plus sombres.

# Harle piette

*Mergus albellus*

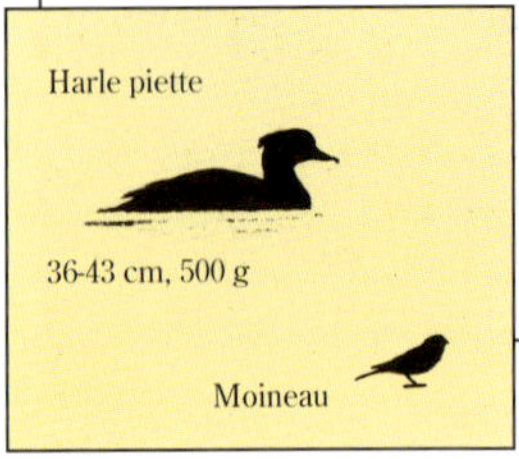


Des milliers de Harles piettes visitent les Pays-Bas chaque hiver, se rassemblant sur l'IJsselmeer par centaines. À cette époque, ce sont des oiseaux magnifiques, toujours actifs, un régal pour l'observateur. Les troupes se déplacent rapidement en jouant à saute-mouton : les oiseaux de tête plongent sous l'eau, les oiseaux de queue les dépassent en volant et plongent à leur tour.

En France, en dehors d'afflux exceptionnels liés à des vagues de froid, le Harle piette ne se rencontre que dans le quart nord-est du pays, en petit nombre. Il s'agit pour l'essentiel de jeunes et de femelles, les mâles adultes sont très rares. Les Harles piettes se tiennent généralement à l'écart des grandes troupes de Fuligules morillons et milouins.

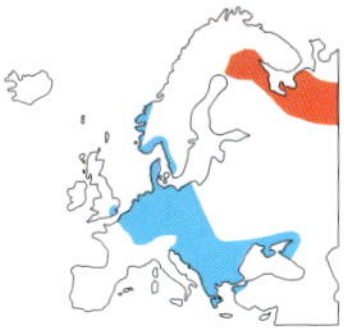

*Canard de taille moyenne, assez allongé avec une petite tête. Petit bec mince. Plonge avec aisance pour se nourrir. Vol bas, rapide et direct. Flotte comme un bouchon, mais peut nager avec le corps en partie immergé.*

**Où et quand.** De novembre à mars, lacs de Champagne, étangs de Lorraine et cours du Rhin surtout.

**Milieux favoris.** Grands plans d'eau et larges rivières à cours lent.

## OISEAUX SEMBLABLES

Mâle aussi blanc que le **Garrot à œil d'or**, page 72, mais plus petit avec la calotte blanche et les flancs gris.
Femelle rappelant un **petit grèbe**, pages 8 à 13, mais calotte marron et non noire.

# Harle huppé

*Mergus serrator*

Cri (femelle) : grognement étouffé

Comme cet élégant canard mangeur de poissons est en train d'étendre sa répartition vers le sud, davantage d'observateurs pourront profiter de la beauté du mâle en plumage nuptial. En effet, peu de canards l'égalent avec sa huppe hérissée, son bec rouge et le contraste entre le vert bouteille, le noir, le gris-bleu et le marron.

En France, le Harle huppé ne niche que dans l'archipel de Chausey (Manche), où il s'est installé au début des années 1990, mais on peut le voir en hiver le long des côtes (rade de Brest et golfe du Morbihan surtout), plus rarement sur les grands lacs ou les rivières à l'intérieur des terres.

Le nid est construit dans les hautes herbes. Les 7 à 12 œufs éclosent après 29 jours et les jeunes volent à 60-65 jours.

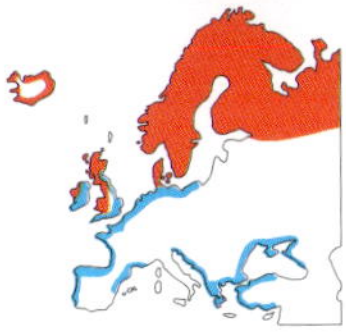

*Canard côtier allongé. Bec fin paraissant un peu relevé. Pattes courtes, corps horizontal hors de l'eau. En vol, long cou tendu, corps effilé, ailes étroites battant rapidement et avec peu d'amplitude. Plonge pour pêcher des poissons.*

**OÙ ET QUAND.** D'octobre à avril, principalement sur les côtes de la Manche et de l'Atlantique, jusqu'à la Gironde.

**MILIEUX FAVORIS.** Estuaires, baies abritées, grands ports.

## OISEAUX SEMBLABLES

**Harle bièvre** femelle, page 78, très semblable à la femelle du **Harle huppé**, mais menton et gorge blancs nettement délimités, dos plus gris, bec plus épais et rouge plus foncé.
Mâle plus fin qu'un **Canard colvert**, page 54, avec un bec fin et une huppe hérissée.

# Harle bièvre

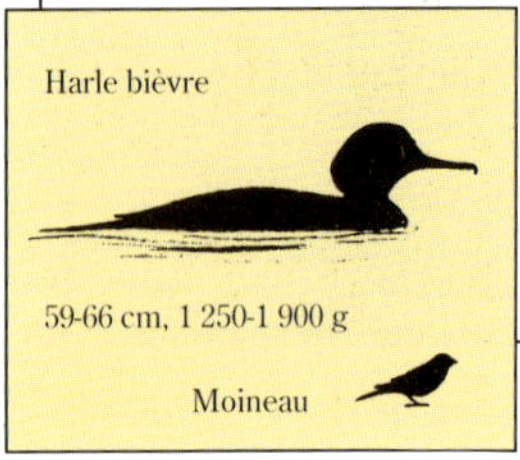


Le Harle bièvre est un grand oiseau qui se mêle aux autres canards sur les lacs, mais qui se détache par sa taille et sa prestance : il navigue tel un cuirassé au milieu d'une flottille de petits bateaux.

Le plumage rose, blanc et noir, du mâle est superbe. De petits groupes visitent souvent les gravières, mais la plupart passent l'hiver sur les fleuves et les grands lacs. En France, le Harle bièvre niche surtout au bord du lac Léman, mais aussi des lacs d'Annecy et du Bourget et sur les fleuves voisins. Il a commencé à coloniser le Jura. En hiver, on le voit aussi sur le cours du Rhin et sur les lacs de Champagne.

Le nid est construit dans un trou d'arbre ou une autre cavité. Les 7 à 13 œufs sont couvés durant 34 jours et les jeunes s'envolent à 60-70 jours.

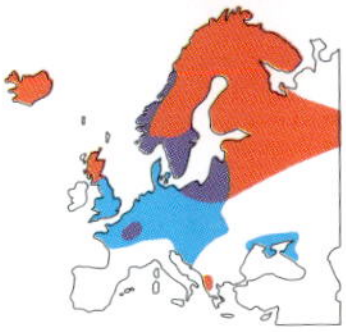

*Grand canard allongé. Long bec fin et crochu. Pattes courtes. Relève souvent la queue et plonge depuis la surface. Les groupes comptent habituellement plus d'oiseaux à tête rousse (femelles et immatures) que de mâles adultes. Surtout en eau douce.*

**OÙ ET QUAND.** Visible toute l'année où il niche. En hiver, surtout dans le Nord-Est. Rare sur les côtes.

**MILIEUX FAVORIS.** Rivières lentes, grands lacs, gravières en eau, estuaires.

## OISEAUX SEMBLABLES

**Harle huppé** mâle, page 76, plus marqué sur la poitrine et les flancs ; femelle avec l'avant du cou moins blanc et la gorge mal délimitée.
**Harle piette**, page 74, beaucoup plus petit.
**Tadorne de Belon**, page 46, plus massif, bande rousse sur la poitrine.

# Bondrée apivore

La Bondrée apivore est régulière et même commune dans une grande partie de l'Europe, pourtant elle reste difficile à voir sur les lieux de reproduction. Elle est en effet moins aérienne que la Buse variable et passe la plupart de son temps en forêt ou même au sol, où elle déterre les nids de guêpes pour manger les œufs et les larves. Elle passe des heures à creuser pour extraire un nid et peut retourner plusieurs jours consécutifs à un endroit productif.

En automne, les Bondrées apivores migrent vers le sud et de grands groupes contournent la Méditerranée en passant par les détroits de Gibraltar et du Bosphore.

Le nid est construit haut dans un arbre, en forêt. Les 2 œufs très tachetés éclosent après 30-35 jours d'incubation et les jeunes s'envolent à 45 jours.

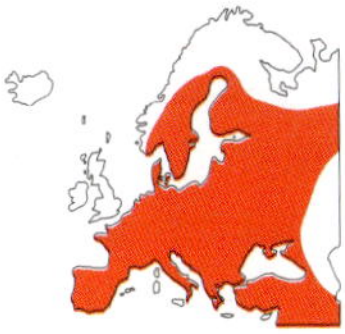

*En vol, tête fine et queue assez longue, étroite et arrondie au bout. Ailes longues, larges au centre, tenues à plat ou tombantes. Queue très mobile, pivotant fréquemment pour servir de gouvernail.*

**Où et quand.** De mai à septembre. Toute la France, Centre et Nord-Est surtout.

**Milieux favoris.** Vieilles forêts, bois mixtes, bocages.

OISEAUX SEMBLABLES

**Buse variable**, page 96, très semblable, mais plane avec les ailes un peu en V ; vol actif plus rigide.
**Busard des roseaux**, page 92, ailes nettement en V, étroites.
**Autour des palombes**, page 378, plus compact, ailes plus courtes.

# Milan noir/M. royal

**Milan noir**
*Milvus migrans*

**Milan royal**
*Milvus milvus*

Les deux espèces ont des cris plaintifs et vibrants

En France et en Espagne, le Milan noir est commun dans les régions d'agriculture traditionnelle, mais est devenu rare dans les zones de monocultures déboisées. Le Milan royal vit dans des milieux semblables et s'étend plus au nord, en particulier dans les campagnes entrecoupées de bois et de marais. Dans le Sud, c'est un oiseau des vallées boisées et des zones agricoles parsemées de bosquets.

Les deux espèces se nourrissent de déchets et exploitent les dépotoirs, les abords des fermes, des villages et même des villes. Le Milan noir affectionne aussi les fleuves où il attrape des poissons malades ou morts.

Tous deux font leur nid dans les arbres, pondent 2 ou 3 œufs qui éclosent en 29-30 jours ; les jeunes volent à 7 ou 8 semaines.

*Les deux milans sont élégants avec de longues ailes coudées, habituellement tenues arquées ou à plat. La queue très mobile sert de gouvernail.*

△ *Le Milan noir a une queue un peu échancrée (seulement quand elle est fermée).*

▷ *Le Milan royal a une longue queue très fourchue.*

**OÙ ET QUAND.** Toute l'Europe, sauf la Scandinavie. De mars à octobre.

Milan noir

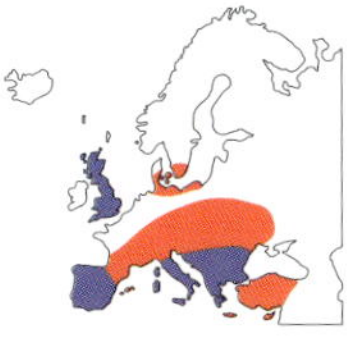

Milan royal

**OÙ ET QUAND.** En France, régions vallonnées et montagneuses surtout. Toute l'année, mais moins abondant en hiver.

**MILIEUX FAVORIS.** Pentes boisées, champs et bosquets bordant les rivières, décharges.

**MILIEUX FAVORIS.** Forêts, zones agricoles parsemées d'arbres, collines boisées.

# Aigle royal

L'Aigle royal est massif, mais paraît souvent petit dans les paysages de montagne où il vit. Pourtant il y tient une place importante et, par ses brèves apparitions autour des sommets, ajoute à la beauté des lieux. La Buse variable, souvent vue de plus près, est parfois prise pour un aigle, mais elle est beaucoup plus petite et moins robuste. L'Aigle royal est puissant ; il est capable de tuer et d'emporter un lièvre ou un jeune chamois ; en hiver, il se contente de manger des animaux trouvés morts.

Il construit un énorme nid de branchettes dans une falaise. Les 2 œufs éclosent après 6 semaines, durant lesquelles il est fréquent qu'il neige. Les jeunes volent à 11 semaines ; habituellement, un seul survit et quitte le nid.

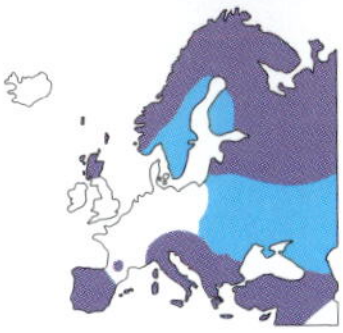

*Rapace massif; très longues ailes, queue assez longue. Tête étroite et proéminente en vol, ailes tenues en V. Décrit des cercles avec majesté. Peut rester longtemps immobile. Habituellement vu de loin au-dessus des sommets et des crêtes, rarement plus bas ou de près.*

**Où et quand.** Toute l'année, dans la plupart des régions montagneuses d'Europe.

**Milieux favoris.** Montagnes avec ou sans forêts, falaises côtières retirées.

| OISEAUX SEMBLABLES |
|---|
| **Buse variable**, page 96, beaucoup plus petite, dessous de l'aile blanchâtre, queue courte. **Pygargue à queue blanche**, page 86, ailes très larges, queue très courte en coin. **Vautour fauve**, page 88, ailes plus larges, arrondies à l'arrière, queue très courte. |

# Pygargue à queue blanche

Le Pygargue à queue blanche est un rapace géant, habituellement plus lourd que l'Aigle royal et avec souvent une envergure plus grande. En vol, il paraît immense et massif, mais il peut être remarquablement agile : les couples chutent parfois en tournoyant et en se tenant par les pattes. La queue blanche de l'adulte est visible de très loin. Il se tient généralement près de l'eau, capturant des canards et des foulques ou ramassant des poissons morts. En hiver, on peut le voir posé sur la glace à la recherche de cadavres d'oiseaux et de poissons ou de déchets. En France, il est de plus en plus présent en hiver, mais reste rare.

Il construit un nid énorme dans un arbre ou sur une falaise. Les 2 œufs éclosent après 6 semaines et les jeunes volent 11 semaines plus tard.

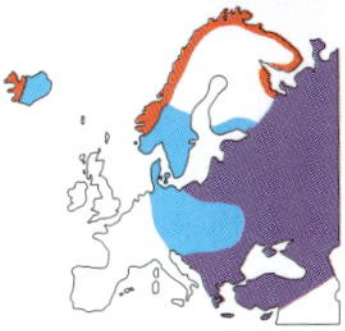

*Très gros et massif. En vol, moins élégant que l'Aigle royal avec une tête plus grosse, une queue plus courte, de larges ailes tenues à plat (et non en V). Peut rester perché ou posé au sol durant des heures. De près, pattes nues (emplumées chez l'Aigle royal).*

**OÙ ET QUAND.** En France, régulier en hiver (lacs de Champagne notamment), mais rare et localisé.

**MILIEUX FAVORIS.** Marais, lacs, falaises côtières (été).

## OISEAUX SEMBLABLES

**Aigle royal**, page 84, vole avec les ailes en V, queue et tête sombres ; immature avec le bout de la queue noir.

# Vautour percnoptère/V. fauve

**Vautour percnoptère**
*Neophron percnopterus*

**Vautour fauve**
*Gyps fulvus*

*N. percnopterus :* adulte blanc sale ou blanc orangé avec les rémiges noires ; face jaune et bec fin

*N. percnopterus :* en vol, queue en pointe, tête fine, blanc avec une large bande noire en arrière de l'aile

*G. fulvus :* queue très courte ; petite tête tombante ou proéminente (cou nu tendu)

*N. percnopterus :* vol élégant, longues ailes tenues à plat ; plus grand qu'une buse, très longues ailes digitées. Se perche très droit sur les arbres et horizontal au sol.

*G. fulvus :* très grand, brun pâle avec le bout des ailes sombre, avant de l'aile et dos souvent brun crème plus pâle

*G. fulvus :* silhouette énorme et massive évidente au posé (se tient droit). Tête nue paraissant sombre, dessus chamois pâle. Noter les ailes très digitées avec le bout souvent relevé

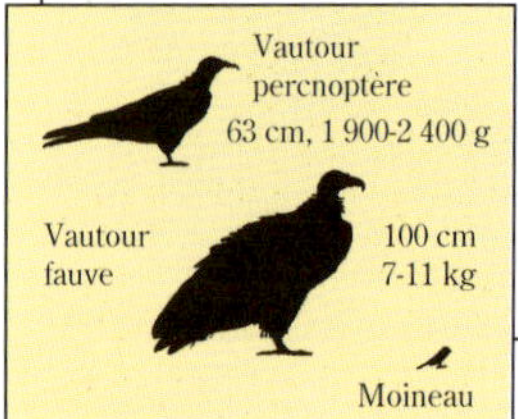


Les ailes longues et larges, en forme de planche, caractérisent le Vautour fauve. Lorsqu'il cercle, l'inclinaison confère aux ailes une grande variété de silhouettes : d'abord larges et rectangulaires, puis bombées à l'arrière et enfin pointues à l'extrémité quand l'oiseau vire. Il bat rarement des ailes, utilisant les courants d'air chauds pour planer.

Le Vautour percnoptère est un oiseau d'Europe méridionale, un charognard des coteaux ensoleillés et des falaises chauffées par le soleil. Ébouriffé et maladroit au sol, il devient majestueux et très agile lorsqu'il vole. Il acquiert son plumage adulte à cinq ans et passe les premières années de sa vie en Afrique.

Les deux espèces pondent un seul œuf sur une corniche nue d'une falaise.

*Ces charognards sont merveilleux à observer en vol : ils ont un vol lourd, mais ils planent avec aisance et légèreté et battent rarement des ailes.*

*Le Vautour percnoptère a une tête fine, une queue en coin et des ailes tenues à plat.*

*Le Vautour fauve a une queue courte et des ailes en V.*

**Où et quand.** Du printemps à l'automne, sud de la France (des Pyrénées à la Provence), Espagne.

V. percnoptère

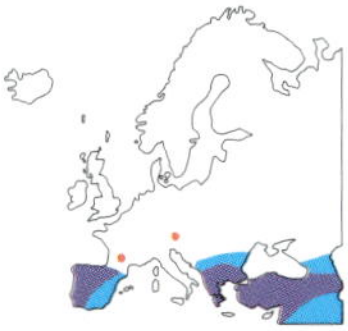

V. fauve

**Où et quand.** Toute l'année (mais les jeunes sont migrateurs), France (Pyrénées, Cévennes) et Espagne.

**Milieux favoris.** Coteaux ensoleillés, collines boisées, villages.

**Milieux favoris.** Gorges, falaises, collines buissonneuses.

# Busard Saint-Martin/B. cendré

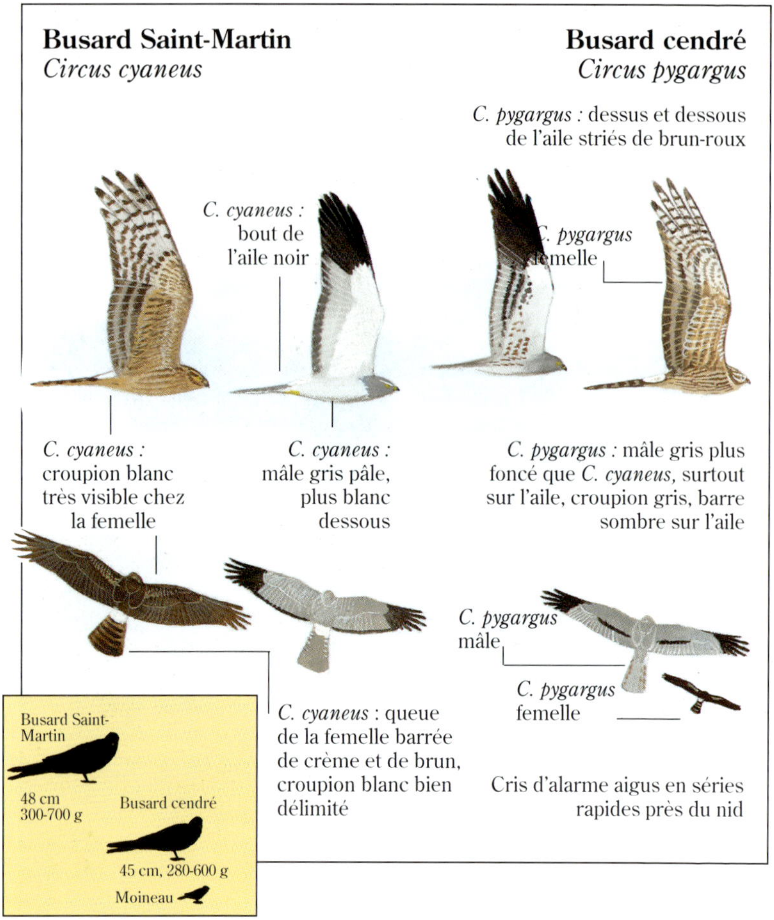


Le Busard Saint-Martin est un oiseau des collines dégagées et des landes en été, mais, en hiver, il est présent dans les champs, jusqu'en plaine et près des côtes. Il chasse les rongeurs et les petits oiseaux en volant à faible hauteur au-dessus des champs. Mâle et femelle ont des plumages très différents.

Le Busard cendré est plus rare que le Busard Saint-Martin, sauf dans le sud de l'Europe, où il est typique des steppes vallonnées et des champs de céréales. De tous les busards, c'est le plus léger et le plus élégant ; ses longues ailes effilées sont idéales pour planer dans l'air surchauffé des étés méditerranéens.

Les deux espèces pondent habituellement de 4 à 6 œufs, dans un nid au sol. L'éclosion a lieu après environ 1 mois et les jeunes s'envolent à 32-42 jours.

◁ *Busard Saint-Martin : plus élancé qu'une buse. Les deux espèces ont une longue queue, des ailes étroites et de longues pattes fines. Toutes deux volent avec des battements amples et les ailes en V.*

▷ *Busard cendré : encore plus fin et plus léger que le Busard Saint-Martin, avec des ailes plus longues et plus fines.*

**OÙ ET QUAND.** Toute la France, sauf le Sud-Est et la Corse. Toute l'année.

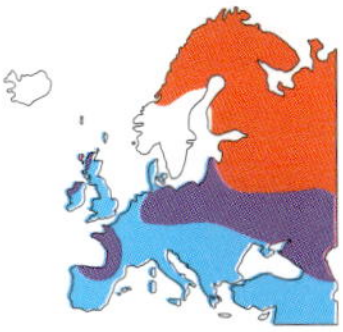

Busard Saint-Martin

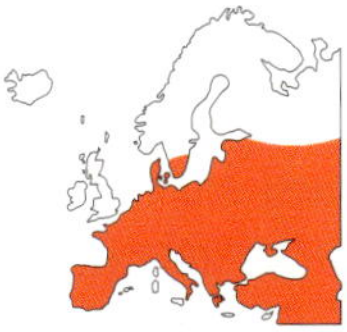

Busard cendré

**OÙ ET QUAND.** Europe centrale et méridionale, d'avril à septembre. Toute la France, sauf zones montagneuses.

**MILIEUX FAVORIS.** Landes dégagées, jeunes plantations de conifères, champs.

**MILIEUX FAVORIS.** Champs de céréales, marais, steppes.

# Busard des roseaux

*Circus aeruginosus*

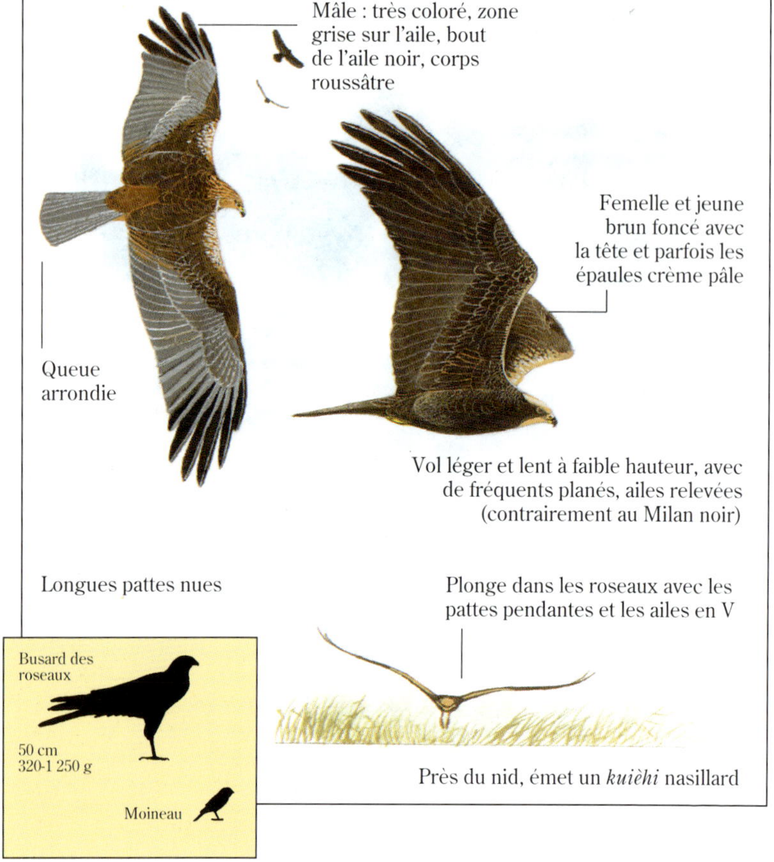


Autrefois persécuté au point de devenir rare, le Busard des roseaux est redevenu commun dans les zones de roselières. C'est un grand rapace élégant qui égaie les plaines où il niche et les lieux où il apparaît en migration. Les roselières des polders des Pays-Bas sont idéales pour lui, mais il peut nicher dans des massifs de roseaux plus restreints autour de lacs et d'étangs.

Bien que le Busard des roseaux mange des canetons, des poussins d'oiseaux aquatiques, des campagnols des champs et d'autres petites proies, il lui arrive d'attraper par surprise un lapin de garenne ou un oiseau adulte.

Les 4 ou 5 œufs sont pondus dans un nid de roseaux et éclosent après 36 jours. Les jeunes quittent le nid à 35-40 jours, avant de savoir voler.

*Taille d'une buse ; femelle plus lourde que le mâle. Cercle comme une buse, mais ailes plus étroites, queue plus longue. Plane avec les ailes en V, au-dessus des marais et des champs. Se perche souvent au sommet des buissons et des arbres dépassant des roselières.*

**OÙ ET QUAND.** En été, régions d'étangs, côtes atlantiques et littoral méditerranéen. Rare dans le quart nord-est de la France en hiver.

**MILIEUX FAVORIS.** Roselières, marais côtiers, étangs.

## OISEAUX SEMBLABLES

**Milan noir**, page 82, plane avec les ailes à plat et en faisant pivoter sa queue.
**Busards Saint-Martin** et **cendré** femelles, page 90, brunes avec une tache blanche au croupion.

# Épervier d'Europe

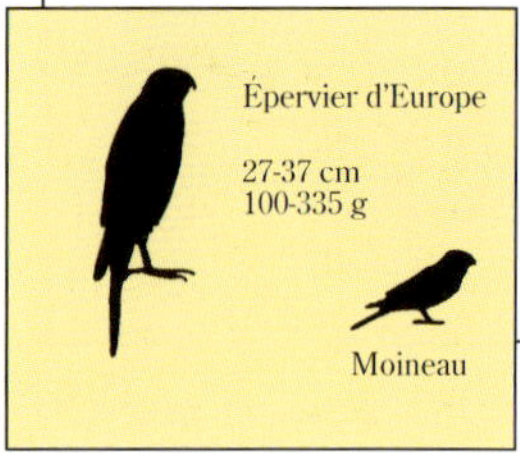


L'Épervier d'Europe femelle est plus grand que le mâle et chasse donc des proies différentes, ce qui évite la concurrence entre les partenaires d'un couple. Le petit mâle chasse des moineaux et des mésanges, tandis que la femelle attrape des grives, des merles et des pigeons.

Victime des pesticides dans les années 1960, l'Épervier d'Europe est aujourd'hui à nouveau commun dans les campagnes. Mais il reste discret et difficile à voir, sauf au printemps lorsqu'il parade en vol au-dessus du bois où se trouve son nid : les deux partenaires piquent à la verticale et semblent rebondir au sommet des arbres.

Le nid est une plate-forme de branchettes sur un grand arbre. Les 4 ou 5 œufs éclosent après 32-35 jours et les jeunes volent à 24-30 jours.

*Taille d'un pigeon ou d'une tourterelle. Longue queue, ailes larges et arrondies au bout. Se faufile entre les arbres, le long des haies et dans les jardins ou chasse à l'affût. Le vol habituel est fait de rapides planés entrecoupés de séries de battements d'ailes énergiques.*

**Où et quand.** Toute l'année, presque partout, sauf en haute montagne.

**Milieux favoris.** Bois mixtes, plantations de conifères, zones agricoles avec des haies et des champs dégagés où se rassemblent les pinsons en hiver.

## OISEAUX SEMBLABLES

**Coucou gris**, page 194, ailes effilées, large queue souple, tête plus pointue et relevée en vol.
**Faucon crécerelle**, page 100, vole sur place et se perche sur les poteaux et les fils, ailes plus longues et pointues.

# Buse variable/B. pattue

La Buse variable peut être confondue avec la Bondrée apivore, mais, par chance, c'est un superbe rapace qu'il est facile d'observer pendant de longues périodes, ce qui permet de l'identifier. En vol, elle est gracieuse et légère et s'élève à grande hauteur dans les courants d'air chaud.

En hiver, les deux buses sont plus léthargiques et chassent souvent posées. Elles se nourrissent de campagnols, de vers de terre et aussi d'animaux morts. Leurs pattes sont puissantes, mais ni la Buse variable ni la Buse pattue, un peu plus grande et plus élégante, ne sont assez fortes pour emporter une proie plus grosse qu'un lapin.

La Buse variable niche dans les arbres. Elle pond de 2 à 4 œufs qui éclosent après 33-38 jours et les jeunes s'envolent à 50-55 jours.

◁ *Buse variable : se perche, bien droit, la tête dans les épaules. Les deux espèces sont plus grandes qu'une corneille ; elles ont les ailes larges et digitées et cerclent avec les ailes un peu en V. Toutes deux se perchent volontiers sur des poteaux ou au sol.*

▷ *Buse pattue : son vol est souple et ample. Elle vole souvent sur place.*

**OÙ ET QUAND.** Toute l'année, partout en France. Plus rare dans le Nord, en Île-de-France et autour de la Méditerranée.

Buse variable

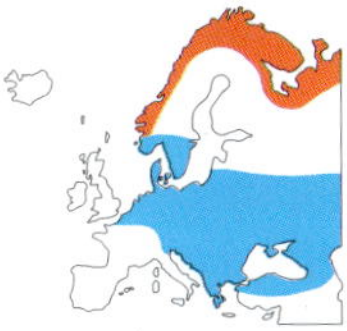

Buse pattue

**OÙ ET QUAND.** Scandinavie. Occasionnelle en France en hiver, surtout dans la moitié nord.

**MILIEUX FAVORIS.** Bois, vallées boisées, zones agricoles.

**MILIEUX FAVORIS.** Toundra, falaises. En hiver, landes, marais, champs dégagés.

# Balbuzard pêcheur

*Pandion haliaetus*

Le Balbuzard pêcheur est rare, mais il est grand et souvent bien visible. En France, il a disparu vers 1940 et n'a subsisté, en petit nombre, qu'en Corse. Mais, grâce à la protection dont les rapaces ont bénéficié, quelques couples nichent à nouveau en région Centre depuis les années 1980. Commune en Scandinavie et en Écosse, l'espèce est de passage régulier en France au printemps et à l'automne. Le Balbuzard pêcheur se nourrit de poissons qu'il capture de façon spectaculaire, en plongeant dans l'eau au terme d'un vol d'observation stationnaire au-dessus de la rivière, du lac ou des eaux côtières où il pêche.

Construit sur un arbre ou une falaise, l'énorme nid de branchages abrite 2 ou 3 œufs qui éclosent après 35 jours. Les jeunes s'envolent à 8-10 semaines.

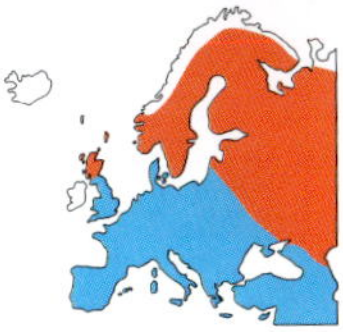

*Beaucoup plus grand qu'une buse ou une corneille. Très longues ailes fortement coudées, lui donnant une silhouette typique. Vole souvent sur place, comme un Faucon crécerelle géant. Se perche longuement sur les arbres ou les poteaux entre deux séances de pêche.*

**Où et quand.** En été, principalement en Europe septentrionale. En France, de passage partout où il y a de l'eau, en avril et septembre surtout.

**Milieux favoris.** Grands lacs, étangs forestiers, larges rivières, estuaires, côtes rocheuses (Corse).

## OISEAUX SEMBLABLES

**Buse variable**, page 96, blanc moins pur dessous, pas de masque noir.
**Goéland marin** juvénile, page 172, semblable par le vol, mais bout de l'aile non digité ; ne vole pas sur place et ne plonge pas.

# Faucon crécerelle

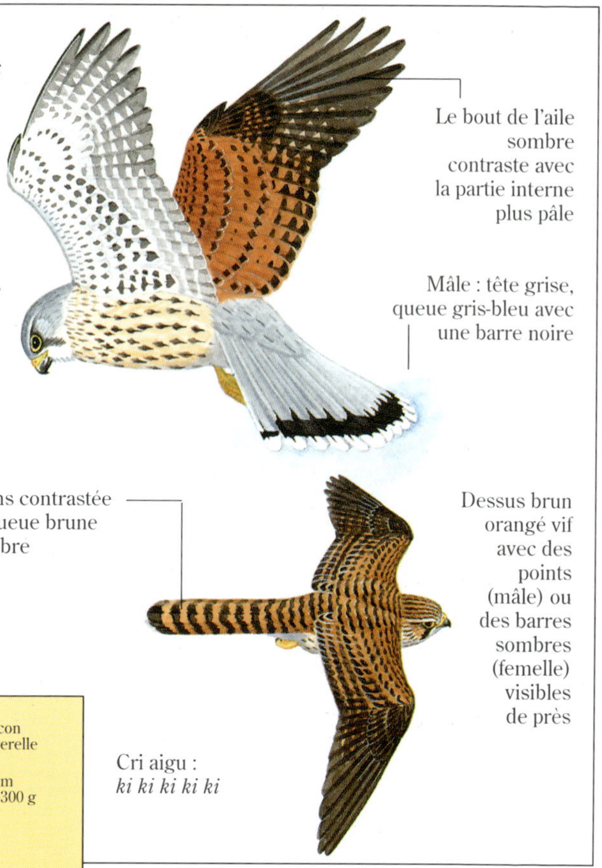

Le Faucon crécerelle est le faucon le plus commun d'Europe, et, en de nombreux endroits, il est le rapace le plus abondant. On le voit fréquemment le long des routes et des autoroutes, volant sur place pour repérer un campagnol ou un gros insecte avant de se laisser tomber comme une pierre sur sa proie. Le Faucon crécerelle est présent partout, à la campagne, dans les villes, à la montagne…

Ses parades nuptiales sont spectaculaires et comportent des poursuites effrénées, des vols territoriaux rapides avec les ailes vibrantes et des piqués vertigineux.

Il niche dans un arbre creux, un vieux nid de corneille, un grenier, un clocher ou une falaise. Les 4 ou 5 œufs éclosent après 28 jours d'incubation et les jeunes s'envolent à environ 1 mois.

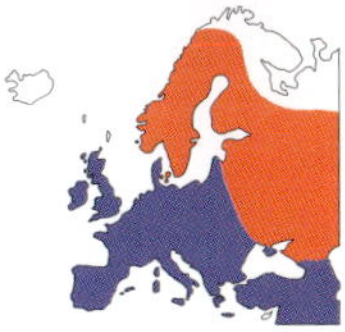

*Taille d'un pigeon, mais ailes longues, queue longue et étroite, tête large et aplatie. Se perche bien droit sur les poteaux et les fils. Battements d'ailes rapides et rigides. Vole sur place face au vent, comme suspendu à un fil invisible. Habituellement seul ou en couple.*

**OÙ ET QUAND.** Très répandu, toute l'année.

**MILIEUX FAVORIS.** Partout où il y a des terrains dégagés, des marais et falaises aux zones agricoles, sites industriels et landes.

## OISEAUX SEMBLABLES

**Épervier d'Europe**, page 94, ne vole jamais sur place ; ni ponctué, ni barré dessus.
**Faucon hobereau**, page 104, plus fort, plus rapide, plus sombre, queue courte.
**Coucou gris** jeune et femelle rousse, page 194, dessous barré, tête fine et bec pointu.

# Faucon émerillon

*Falco columbarius*

Comme chez beaucoup de rapaces, la femelle du Faucon émerillon est plus grande et plus lourde que le mâle. Ce dernier est minuscule et fin, alors que la femelle est plus compacte et massive, comme un Faucon crécerelle à queue courte.

Le Faucon émerillon niche en Europe septentrionale – Scandinavie, nord des îles Britanniques. Il passe l'hiver en France, dans les marais côtiers, les polders, les chaumes et les champs labourés. C'est là qu'il chasse les alouettes, pipits, pinsons et autres passereaux, qu'il poursuit à toute vitesse au ras du sol, en faisant de nombreux crochets et des écarts impressionnants, jusqu'à ce que la proie soit prise – ou s'échappe. Les observations du Faucon émerillon sont souvent très furtives et frustrantes.

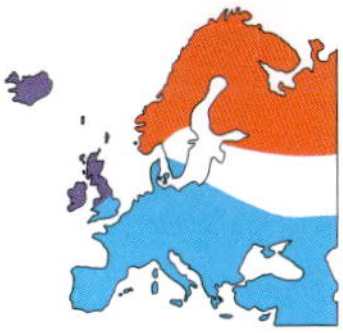

*Petit rapace, taille d'un pigeon. Tête carrée, bec court et épais. Ailes larges à la base, mais pointues au bout. Queue courte et carrée ou largement étalée. Vol bas et très rapide. En vol de chasse, a parfois des battements d'ailes de grive.*

**OÙ ET QUAND.** D'octobre à avril, surtout le long des côtes. Partout ailleurs lors des migrations.

**MILIEUX FAVORIS.** Landes, marais, champs et pâtures.

## OISEAUX SEMBLABLES

**Faucon crécerelle**, page 100, plumage plus roussâtre, queue plus longue, battements d'ailes plus souples et plus lents.
**Épervier d'Europe**, page 94, queue longue et ailes courtes, larges et arrondies.
**Faucon pèlerin**, page 106, plus grand, plus lourd.

# Faucon hobereau

Le Faucon hobereau est un rapace délicat et attirant, qui se nourrit de grands insectes – libellules surtout – et de petits oiseaux, notamment d'hirondelles.

Les insectes sont capturés lors de vols de chasse élégants, avec de rapides accélérations, des plongeons, des ressources et des virages, tandis que les oiseaux sont poursuivis plus activement, avec des attaques en piqué, ailes presque fermées, entrecoupées de quelques battements d'ailes rapides.

Le Faucon hobereau niche tard, en début d'été, afin que les jeunes naissent en fin d'été, au moment où il y a beaucoup d'insectes et de jeunes oiseaux faciles à capturer.

Niche habituellement dans un vieux nid de corneille. Les 3 œufs éclosent en 28 jours et les jeunes s'envolent à environ 30 jours.

*Élégant faucon à queue courte et longues ailes. Taille d'un Faucon crécerelle. Paraît habituellement très sombre avec seulement les joues blanches. Petits battements d'ailes entre de longs planés tournoyants ou battements d'ailes amples et piqués vertigineux.*

**OÙ ET QUAND.** D'avril à octobre. Toute la France, mais peu abondant.

**MILIEUX FAVORIS.** Landes à bruyères, lisières de forêts, zones agricoles avec des bosquets, des champs et des plans d'eau.

## OISEAUX SEMBLABLES

**Faucon pèlerin** mâle, page 106, très semblable, mais plus grand, ailes plus larges, dessous barré sans roux.
**Faucon crécerelle**, page 100, jamais si sombre ni si gris.
**Faucon émerillon**, page 102, plus petit, plus compact, ne chasse pas les insectes en l'air.

# Faucon pèlerin

*Falco peregrinus*

Séries rapides de *khi-ak* graves ou *graè-graè-graè* plaintif

Chez le Faucon pèlerin, la différence de poids entre mâle et femelle est très importante – la femelle étant beaucoup plus massive. Cela donne une idée de la différence de taille existant entre un grand Faucon pèlerin femelle et les petits Faucons hobereau et émerillon mâles.

Le Faucon pèlerin est un oiseau emblématique, maître incontesté des faucons. Il chasse les grives, pigeons, corneilles, limicoles, voire canards, qu'il est capable de capturer en plein ciel au terme d'une attaque vertigineuse en piqué, atteignant 250 km/h.

Les 2 à 4 œufs sont pondus directement sur une corniche de falaise ou dans une petite cavité rocheuse inaccessible pour l'homme. Ils éclosent après 28 jours et les jeunes s'envolent à l'âge de 5 ou 6 semaines.

*Beaucoup plus grand qu'un Faucon crécerelle, presque de la taille d'une corneille. Tête et épaules robustes. Ailes pointues, larges à la base. Queue plus large à la base. Cercle souvent à grande hauteur ou vole avec des battements d'ailes amples et rapides.*

**OÙ ET QUAND.** Toute l'année. En France, surtout dans les régions montagneuses du Sud et de l'Est.

**MILIEUX FAVORIS.** Falaises reculées, régions montagneuses, côtes rocheuses. En hiver, presque partout, même en ville.

## OISEAUX SEMBLABLES

**Faucon hobereau**, page 104, coloration semblable, mais corps plus fin, ailes et queue plus fines.
**Faucon émerillon**, page 102, beaucoup plus petit, vole en général au ras du sol.
**Autour des palombes**, page 378, coloration similaire, mais ailes plus larges et arrondies.

# Lagopède des saules

Lagopède des saules et Lagopède d'Écosse forment une seule et même espèce. Le Lagopède des saules, qui devient en grande partie blanc en hiver, est la forme (ou race) continentale. Il vit dans la toundra boisée scandinave et sibérienne. Le Lagopède d'Écosse est la race britannique du Lagopède des saules ; il reste brun-roux sombre toute l'année.

Peu d'oiseaux sont aussi fortement liés à un petit territoire que les lagopèdes, qui peuvent rester toute leur vie dans une petite zone de montagne. Seuls les hivers très rigoureux les poussent à s'abriter plus bas, en lisière des forêts, dans les champs et même dans les landes.

Ils se nourrissent toute l'année de pousses de bruyère et avalent aussi des graviers pour faciliter leur digestion.

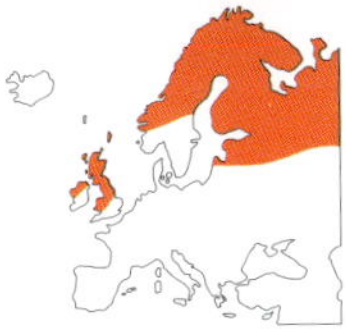

*De la taille d'un poulet, petite tête, corps rond. Vole avec les ailes raides, arquées vers le bas. Souvent en petits groupes. Vit caché dans les bruyères quand il n'est pas dérangé, mais le mâle pousse des cris sonores à partir d'un point culminant (ci-dessus, Lagopède d'Écosse).*

**OÙ ET QUAND.** Toute l'année. Scandinavie (Lagopède des saules), îles Britanniques (Lagopède d'Écosse).

**MILIEUX FAVORIS.** Toundra boisée (Lagopède des saules), landes à bruyères sans arbres (Lagopède d'Écosse).

OISEAUX SEMBLABLES

**Perdrix grise**, page 110, plus petite, plus pâle, flancs barrés. **Tétras lyre** femelle, page 373, plus grosse, plus pâle, fines lignes pâles sur l'aile, queue fourchue. **Lagopède alpin**, page 374, plus petit et plus gris en été.

# Perdrix grise/P. rouge

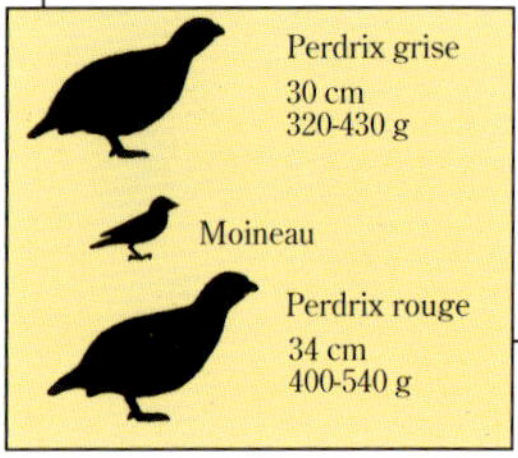


La Perdrix grise est en régression à cause de l'agriculture moderne. Ses poussins ont besoin de minuscules chenilles pour se nourrir au printemps et en été. Les pesticides, ainsi que l'arrachage des haies et la disparition des prairies grasses, font que peu de poussins survivent. La Perdrix grise niche au sol, souvent près d'une haie et pond jusqu'à 20 œufs qui éclosent après 23-25 jours. Les poussins quittent le nid avant de savoir voler.

La Perdrix rouge est un oiseau méridional, introduit plus au nord pour la chasse. On la rencontre dans une grande partie de la France, et surtout en Espagne. Elle affectionne les terrains rocailleux ou sablonneux, secs et ensoleillés. Les 10 à 16 œufs éclosent en 23-24 jours. Les poussins peuvent déjà voler à 10 jours.

◁ *La Perdrix grise a la taille d'un pigeon. Petite tête, cou épais.*

▷ *La Perdrix rouge est plus grosse, plus ronde, avec un dessin contrasté à la tête. En vol, les deux perdrix ont la queue roux vif, ce qui les distingue des jeunes Faisans de Colchide.*

**OÙ ET QUAND.** Presque toute l'Europe, toute l'année.

Perdrix grise

Perdrix rouge

**OÙ ET QUAND.** Espagne, France (sauf le Nord et le Nord-Est), Grande-Bretagne (introduite). Toute l'année.

**MILIEUX FAVORIS.** Pâtures, prés de fauche, champs de céréales avec des haies et d'autres cultures.

**MILIEUX FAVORIS.** Champs secs, vignobles, prairies maigres et coteaux pierreux.

# Faisan de Colchide/Caille des blés

Le Faisan de Colchide est volontiers ignoré par les ornithologues, car il est souvent issu de captivité et relâché pour la chasse. Même ceux qui sont vraiment sauvages descendent d'oiseaux introduits par l'homme. Cependant, c'est vraiment un oiseau magnifique, surtout de près. Il niche au sol, souvent dans un fourré près d'une haie ou d'une lisière de forêt. Les 8 à 15 œufs éclosent après 23-28 jours et les poussins quittent le nid peu après l'éclosion.

On voit très rarement la minuscule Caille des blés, tant elle est discrète. En revanche, on entend régulièrement son chant caractéristique au printemps, notamment en Europe méridionale. Elle fait son nid au sol dans l'herbe dense et pond de 8 à 13 œufs qui éclosent après 17-20 jours.

◁ *Faisan de Colchide mâle typique avec sa longue queue pointue. Femelle plus terne et plus brune avec une longue queue, face et poitrine souvent plus pâles.*

▷ *Caille des blés minuscule, de la taille d'un poussin de faisan. Très difficile à voir, mais chante à l'aube et au crépuscule, dans les champs de céréales.*

**Où et quand.** Presque toute l'Europe, toute l'année.

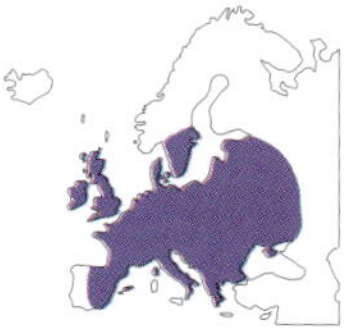

Faisan de Colchide

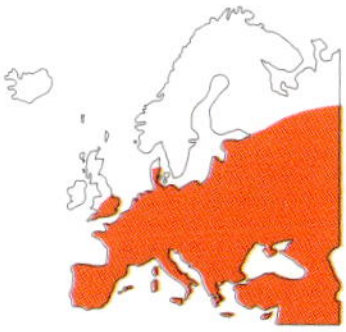

Caille des blés

**Où et quand.** Une grande partie de l'Europe, d'avril à septembre.

**Milieux favoris.** Bois, champs, parcs, roselières.

**Milieux favoris.** Grands champs de céréales ou de luzerne.

# Râle d'eau

*Rallus aquaticus*

Bec rouge sombre à pointe noire ou noirâtre avec un peu de rouge à la base

Tête et poitrine gris-bleu ou ardoise, flancs barrés de noir et de blanc

Paraît gris foncé et brun ; dessus brun olive rayé de sombre

Dessous de la queue chamois pâle, visible quand il s'enfuit

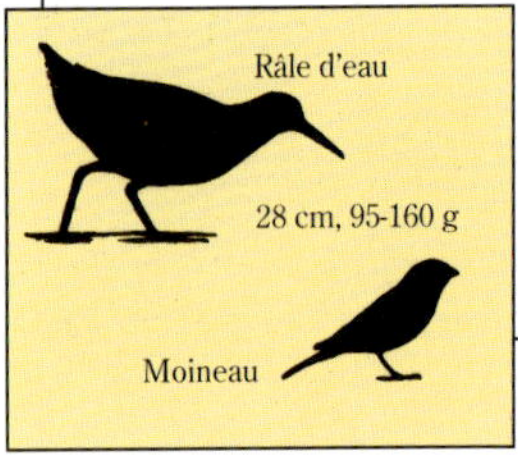


Peut être vu marchant au bord de l'eau ou courant à découvert entre deux touffes de roseaux, montrant son long bec fin et sa queue relevée

Cris étranges : un *tic* bref et de longs cris de cochon égorgé

Le Râle d'eau est un petit oiseau fluet qui semble normal de profil, mais qui apparaît curieusement mince de face ou de dos. Il peut se faufiler sans effort entre les roseaux denses pour s'enfuir. La plupart du temps, le Râle d'eau vit caché dans la végétation aquatique dense, mais il vient parfois se nourrir sur les berges boueuses. En hiver, par temps de gel, il se montre souvent à découvert. Le meilleur moyen de savoir où il est consiste à écouter ses cris étranges, rappelant des cris étranglés de cochon. Pendant les migrations, on l'entend parfois dans des endroits inhabituels.

Le nid de roseaux morts est bien caché dans la végétation aquatique (joncs ou roseaux). Les 6 à 11 œufs sont couvés par le mâle et la femelle et éclosent après 19-20 jours.

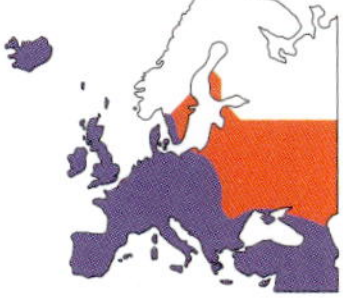

*Petit, de la taille d'une grive, mais avec un long bec. Corps aplati latéralement, petite queue relevée et pointue. Dérange, s'envole sur une courte distance, avec les pattes pendantes.*

**OÙ ET QUAND.** Presque toute l'Europe, toute l'année.

**MILIEUX FAVORIS.** Roselières, marais, digues, endroits sombres et humides sous des arbres.

## OISEAUX SEMBLABLES

Jeune **Gallinule poule-d'eau**, page 116, beaucoup plus grosse, brune avec un bec court.
**Bécassine des marais**, page 144, bec beaucoup plus long, se nourrit dans la vase.

# Foulque/Gallinule poule-d'eau

La Foulque macroule est un oiseau d'eau actif, très visible et bruyant, qui affectionne les grands lacs et les réservoirs et se nourrit souvent à terre sur les berges herbeuses. Commune presque partout, l'espèce se rassemble par centaines d'individus sur les grands lacs en hiver. Sociable, mais défend avec ardeur son territoire au printemps. La Gallinule poule-d'eau est commune, mais plus discrète que la Foulque macroule et vit souvent sur de petites mares ou le long de canaux. Elle se nourrit beaucoup plus fréquemment à terre, en petits groupes, et se tient moins volontiers à découvert en pleine eau, seule ou en couple. Elle plonge sous l'eau, mais le fait moins régulièrement que la Foulque macroule.

Les 5 à10 œufs éclosent après 21-24 jours et les jeunes quittent le nid peu après.

◁ *Foulque macroule : plus petite qu'un Canard colvert, dos arrondi, queue basse. À terre, paraît très ronde, se tient dressée. En vol, bord postérieur de l'aile pâle.*

▷ *Gallinule poule-d'eau : plus petite, dos plus plat, queue relevée. À terre, se tient penchée en avant. Furtive, se déplace rapidement avec des hochements de queue.*

**Où et quand.** Toute l'année en Europe, sauf le nord de la Scandinavie. Les oiseaux de l'est migrent vers l'ouest en hiver.

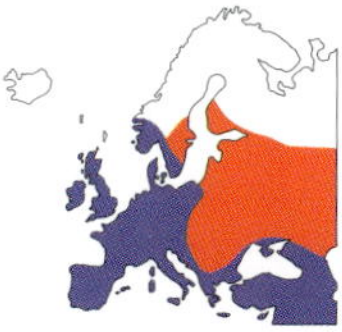

Foulque macroule

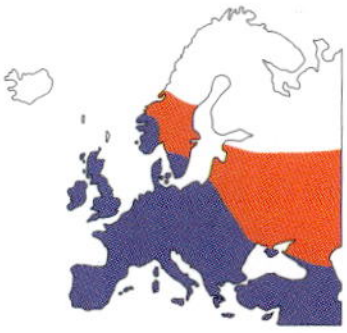

Gallinule poule-d'eau

**Où et quand.** Toute l'année. Europe sauf la Scandinavie. Les oiseaux orientaux migrent vers l'ouest pour hiverner.

**Milieux favoris.** Grandes rivières lentes, mares et gravières en eau, réservoirs et lacs.

**Milieux favoris.** Bords marécageux des rivières, mares, étangs et lacs, digues et prés humides au bord de l'eau.

# Grue cendrée

*Grus grus*

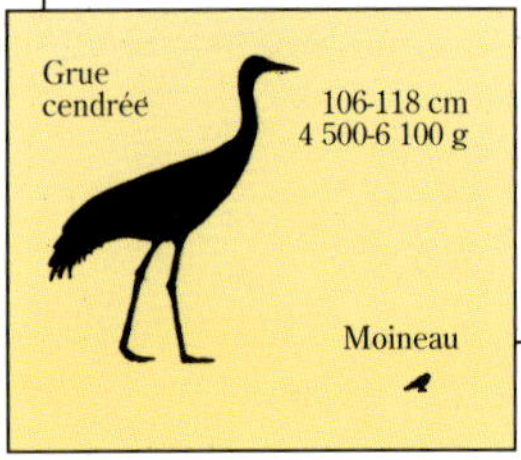


La Grue cendrée est un géant parmi les oiseaux d'Europe : elle est haute sur pattes et son envergure est comparable à celle d'une cigogne ou du plus grand des vautours. Elle est aussi réputée pour ses parades nuptiales spectaculaires, la fameuse danse des grues.

En automne, les Grues cendrées migrent vers l'Espagne, où la plupart passent l'hiver. Elles traversent alors la France en diagonale et font halte en grand nombre sur les lacs de Champagne où quelques milliers hivernent désormais régulièrement. Au printemps, elles repartent vers le nord jusqu'en Scandinavie et les couples recherchent des endroits reculés dans les tourbières et les marais pour y faire leur nid, à même le sol.

Les 2 œufs éclosent après 30 jours et les jeunes s'envolent 65-70 jours plus tard.

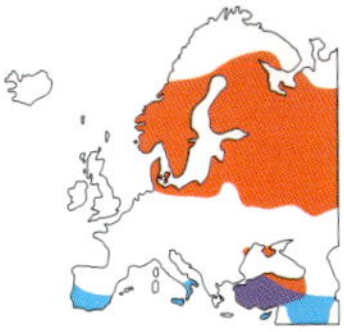

*Très grande, de la taille d'un cygne, mais avec de longues pattes. Petite tête et cou mince s'épaississant à la base, poitrine saillante. Plumes des ailes touffues tombant sur la queue. Vole avec le cou et les pattes tendus, souvent en formations en V.*

**OÙ ET QUAND.** Europe septentrionale en été. France (lacs de Champagne), Espagne et Europe orientale en automne et en hiver.

**MILIEUX FAVORIS.** Marais, champs labourés, chaumes, pâtures entre les chênes (Espagne).

OISEAUX SEMBLABLES

**Héron cendré**, page 26, plus petit, vole avec les ailes arquées, se tient au plus en petits groupes.
**Cigogne blanche**, page 28, contraste plus fort entre les rémiges noires et le reste de l'aile et du corps blanc.

# Huîtrier pie

L'Huîtrier pie est un oiseau caractéristique des rivages sableux et rocheux. Très loquace et aisément identifiable, il est aussi facile à voir. Quand une troupe se déplace vers un autre banc de sable, chassée par la marée montante, elle semble s'enfuir à toute vitesse, dans une clameur inquiète avant de se poser un peu plus loin. Les Huîtriers pies attendent alors pendant une heure ou deux que la boue et le sable apparaissent à nouveau et se déplacent pour se nourrir de coquillages – moules, coques, bigorneaux, mais pas d'huîtres…

L'huîtrier pie niche parmi les rochers ou les galets en haut d'une plage de sable, mais, dans le Nord, beaucoup nichent aussi dans des champs herbeux. Les 3 œufs éclosent après 23-27 jours et les jeunes quittent le nid peu après.

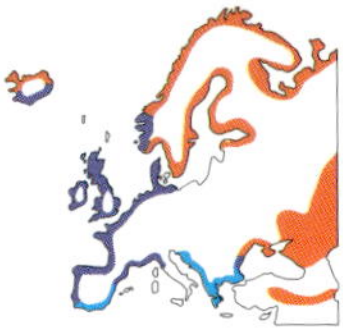

*Grand limicole de la taille d'un pigeon. Bec épais et pattes robustes. Grosse tête anguleuse. Marche lentement, sondant la vase ou le sable avec son bec pour y trouver des coquillages. Des grandes troupes se forment à marée haute.*

**OÙ ET QUAND.** Toute l'année. Très commun sur toutes les côtes françaises en hiver, moins abondant en été.

**MILIEUX FAVORIS.** Pâtures, mares côtières, plages, estuaires, bancs de sable.

## OISEAUX SEMBLABLES

Aucune autre espèce de cette taille n'a un plumage aussi noir et blanc. Les troupes paraissent essentiellement noires avec des taches orange, tandis que les goélands semblent plus blancs, les avocettes beaucoup plus blanches, les tadornes plus massives avec des pattes courtes.

# Échasse blanche

Bien que les photographies donnent une idée de l'allure étrange de l'Échasse blanche, l'observer dans la nature surprend toujours, parce que ses pattes sont fantastiquement longues. Par contraste, le bec est relativement court – l'espèce se nourrit en capturant des insectes à la surface de l'eau et non en sondant l'eau ou la vase. Dans certaines régions d'Europe, elle se nourrit ainsi dans les nouvelles rizières, mais affectionne surtout les marais salants et les marécages avec de petites mares.

Elle niche au sol et pond 4 œufs qu'elle couve durant 22-25 jours. Comme chez les autres limicoles, les poussins quittent le nid et se nourrissent seuls peu après l'éclosion. Ils sont alors couverts d'un épais duvet moucheté de brun qui leur assure un bon camouflage.

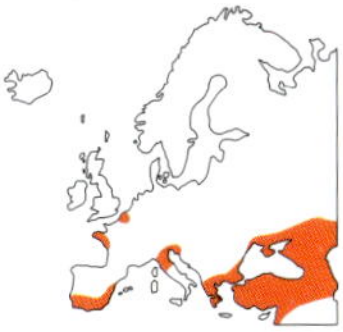

*Très grand limicole aux pattes extraordinairement longues. Bec très fin, droit ou légèrement recourbé. Passe beaucoup de temps à marcher dans l'eau peu profonde des étangs saumâtres. En vol, pattes dépassant nettement de la queue. Très loquace près du nid.*

**Où et quand.** Côtes méditerranéennes surtout, Espagne, ouest de la France, rarement plus au nord.
De mars à octobre.

**Milieux favoris.** Étangs saumâtres, lagunes, côtes sableuses, marais salants.

## OISEAUX SEMBLABLES

**Avocette élégante**, page 124, plus blanche dessus, pattes grises.
**Huîtrier pie**, page 120, tête beaucoup plus noire, pattes courtes, bec orange.
Peut passer inaperçu dans un groupe de goélands sur une lagune.

# Avocette élégante

Partout, l'Avocette élégante est le symbole d'une protection efficace des oiseaux, car les endroits dont elle a besoin pour vivre – principalement des mares peu profondes près des côtes – sont le plus souvent drainés, comblés, urbanisés ou encore utilisés par les vacanciers et donc perturbés, lorsque des efforts spéciaux ne sont pas faits pour les conserver pour les oiseaux.

L'Avocette élégante avait disparu de nombreuses régions d'Europe, mais est en augmentation grâce à la protection dont elle bénéficie. Par endroits, des centaines, voire des milliers d'individus peuvent être observés. Pourtant, la plupart des colonies comptent quelques dizaines de couples seulement. Beaucoup de couvées échouent, victimes des prédateurs. Les 4 œufs éclosent après 22-24 jours.

*Grand limicole à longues pattes, de la taille d'un pigeon. Bec recourbé typique. Paraît très blanche, mais peut passer inaperçue parmi des goélands. Marche lentement dans l'eau, balayant l'eau avec son bec pour trouver à manger.*

**OÙ ET QUAND.** Toute l'année, côtes du nord-ouest de l'Europe, Méditerranée.

**MILIEUX FAVORIS.** Étangs vaseux peu profonds, lagunes saumâtres, estuaires envasés.

## OISEAUX SEMBLABLES

**Échasse blanche**, page 122, dos noir, pattes rouges.
**Goélands** plus courts sur pattes, mais peuvent paraître semblables à distance quand ils nagent aux côtés d'Avocettes élégantes se nourrissant avec de l'eau jusqu'au ventre.

# Grand Gravelot/Petit Gravelot

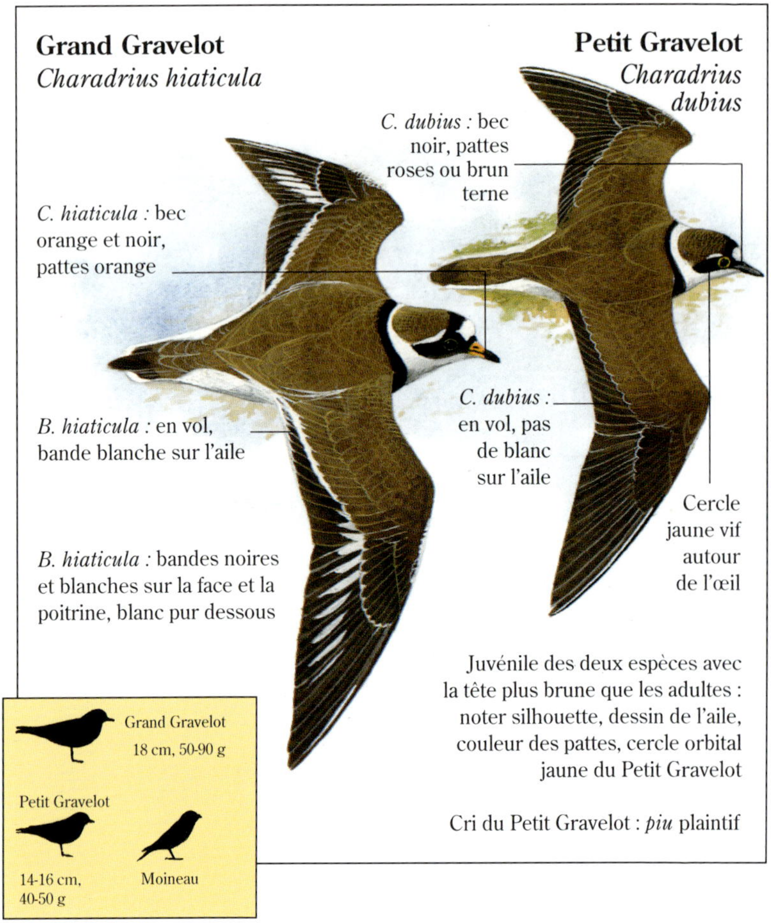


Le Grand Gravelot est un oiseau vif, nerveux et alerte des rivages. Il niche surtout dans le nord de l'Europe, sur les galets et le sable et semble toujours inquiet que quelqu'un essaie de lui voler ses œufs ou qu'un goéland attrape ses poussins.

Le Petit Gravelot niche à l'intérieur des terres, sur les berges caillouteuses des rivières ou dans les exploitations de graviers. Contrairement au Grand Gravelot, il migre vers le sud pour aller passer l'hiver en Afrique. Il est rare en Europe septentrionale, mais il est devenu plus commun avec le développement des gravières et des sablières.

Les deux espèces pondent 4 œufs à même le sol. L'éclosion a lieu au bout de 24-25 jours et les jeunes quittent le nid peu après, mais ils ne savent voler qu'à l'âge de 25 jours.

◁ *Grand Gravelot, ventru, rondelet, taille d'une grive. Pattes et bec aux couleurs vives. Cri double et montant :* pu-îp.

▷ *Le Petit Gravelot est plus fin, avec le bec noir et les pattes ternes. Grand Gravelot parfois sur les lacs, mais Petit Gravelot rare sur les rivages.*

**OÙ ET QUAND.** Toutes les côtes d'Europe, toute l'année. En France, niche sur les côtes de Bretagne et de la Manche.

Grand Gravelot

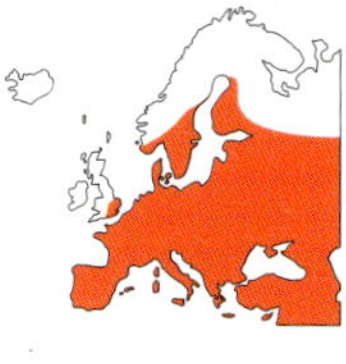

Petit Gravelot

**OÙ ET QUAND.** De mars à septembre, presque toute l'Europe.

**MILIEUX FAVORIS.** Estuaires, plages de sable et de galets, mares peu profondes.

**MILIEUX FAVORIS.** Rivières larges, étangs, gravières en eau.

# Pluvier doré

*Pluvialis apricaria*

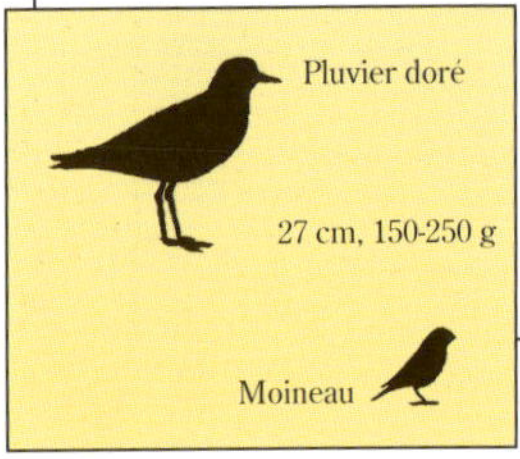


Cri aigu et plaintif, *tluh* ou *tlu-ih*

En été, le Pluvier doré est un oiseau discret et farouche – ce n'est souvent qu'une voix mélancolique dans le brouillard de la toundra, loin des hommes. On l'entend presque toujours sans le voir.

En hiver, toutefois, de grandes troupes hantent les champs de plaine, harcelées par les Mouettes rieuses essayant de voler les vers de terre que les Pluviers dorés extraient du sol. Comme les gravelots, plus petits, et les vanneaux, plus grands, ils se déplacent de façon typique : ils restent immobiles, font quelques pas en marchant ou courant, s'arrêtent pour picorer et repartent.

En vol, les Pluviers dorés se distinguent facilement des Vanneaux huppés qu'ils accompagnent et qui ont les ailes larges et arrondies, formant souvent de longues lignes ou des V.

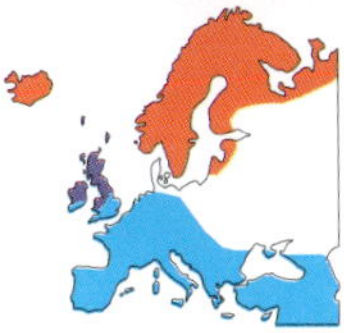

*Limicole de la taille d'un pigeon avec des pattes assez longues et un bec court. Tête ronde, cou mince habituellement rentré dans les épaules. Vol rapide, ailes pointues. Souvent en grandes troupes en hiver, avec les Vanneaux huppés. Toundra et landes en été.*

**OÙ ET QUAND.** Europe septentrionale en été. Plus répandu en hiver. En France, surtout dans la moitié nord-ouest du pays.

**MILIEUX FAVORIS.** Landes et toundra ; pâturages de plaine, champs inondés, marais.

## OISEAUX SEMBLABLES

**Pluvier argenté**, page 130, semblable, mais plus gros avec un bec plus fort ; jeune plus brun que l'adulte, ressemblant davantage au Pluvier doré, mais avec des taches noires sous les ailes.

# Pluvier argenté

Les effectifs du Pluvier argenté ont augmenté au cours des dernières années, alors que la plupart des autres oiseaux d'estuaire sont en déclin. On ignore pourquoi. Le Pluvier argenté niche dans l'Arctique, aux côtés des oiseaux les plus nordiques, et visite l'Europe en dehors de la saison de reproduction, tirant parti des estuaires envasés riches en vers et en petits mollusques.

Sur les estuaires, les Pluviers argentés ont tendance à occuper de petits territoires et sont donc dispersés. À marée haute, tous les oiseaux se rassemblent en dortoir au même endroit. Si l'habitat se réduit – à la suite de constructions ou de drainage –, cela signifie que moins de pluviers peuvent se nourrir sur la petite zone restante.

*Limicole de taille moyenne, pattes assez longues, bec court et épais. Tête ronde avec un gros œil. Se nourrit seul ou par deux, mais se rassemblent en groupes pour dormir. Rare à l'intérieur des terres. En hiver, semble souvent très sombre de loin.*

**Où et quand.** Côtes du nord-ouest de l'Europe. En France, présent dès la mi-juillet et jusqu'à la fin mai.

**Milieux favoris.** Estuaires sableux et vaseux, bancs de sable, marais, étangs côtiers peu profonds.

## OISEAUX SEMBLABLES

**Pluvier doré**, page 128, moucheté de jaune vif, dessous de l'aile tout blanc.
**Barges** et **chevaliers** ont un bec long, mais paraissent semblables quand ils dorment sur la plage.

# Vanneau huppé

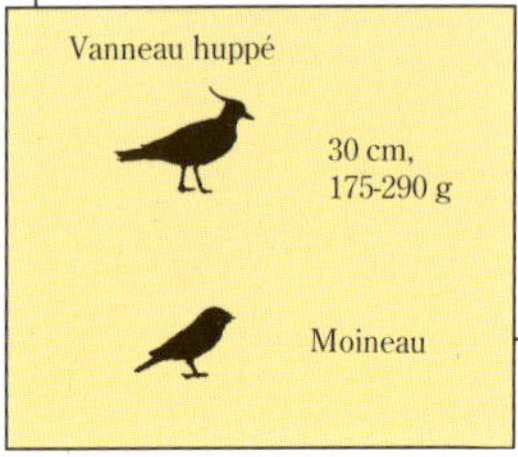


Le Vanneau huppé est un oiseau typique des marais et des terrains agricoles de toutes sortes – pâtures herbeuses, champs inondés, prés labourés. Mais il trouve aussi sa nourriture dans les prés salés côtiers et moins souvent dans les estuaires vaseux.

Il forme parfois des vols de centaines, voire de milliers d'oiseaux, auxquels se mêle souvent le Pluvier doré. Dans les champs que le Vanneau huppé fréquente en hiver, il est également fréquent de voir des troupes d'Étourneaux sansonnets, de Corbeaux freux, de Mouettes rieuses et d'Alouettes des champs. Au printemps, le mâle effectue des vols nuptiaux spectaculaires.

La femelle pond 4 œufs, qui éclosent après 26-28 jours. Les jeunes quittent le nid peu après l'éclosion, mais ne s'envolent qu'après 35-40 jours.

*Grand limicole, souvent en terrain sec. Longue huppe effilée unique en Europe. Le dessus paraît vert ou noir de loin, avec la poitrine noire ; en vol, le dessous des ailes blanc est visible de loin. Larges ailes rectangulaires très typiques.*

**Où et quand.** Dans presque toute l'Europe en été, migre au sud et à l'ouest en hiver.

**Milieux favoris.** Landes, marais, abords des lacs et des réservoirs envasés, lagunes, champs.

## OISEAUX SEMBLABLES

Aucun autre limicole n'a des ailes aussi larges.
**L'Huîtrier pie**, page 120, a le dos noir brillant et le bec orange.

# Bécasseau maubèche

*Calidris canutus*

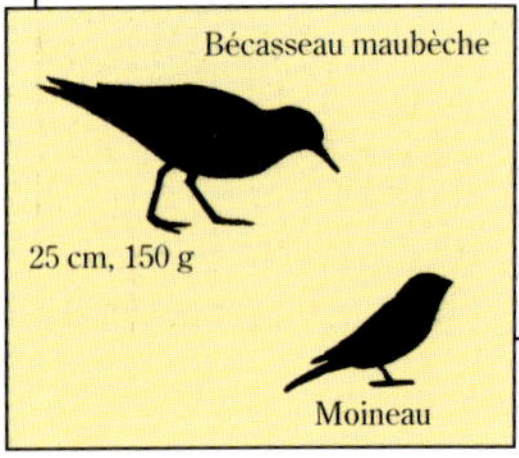


De tous les limicoles d'estuaires européens, le Bécasseau maubèche est celui que l'on voit le plus en grands vols denses, comprenant parfois plusieurs milliers d'individus et effectuant des virages remarquables, des pivotements, des remontées et des descentes soudaines. Il se distingue aussi par l'absence de caractères saillants ou de cris : c'est un oiseau rondelet terne. Pourtant, de près, c'est un beau petit limicole, délicat dans tous ses mouvements.

À la fin du printemps, les Bécasseaux maubèches, qui portent leur livrée nuptiale colorée, quittent l'Europe de l'Ouest pour le Groenland, où ils se reproduiront pendant le court été arctique. En route, ils font halte sur les côtes de Scandinavie pour prendre des forces avant la traversée de l'Atlantique.

*Oiseau côtier de la taille d'une grive. Pattes et bec de longueur moyenne. Corps rondelet, terne en hiver. Se nourrit souvent en groupes. Se déplace en vols immenses qui, de loin, tournoient comme de la fumée. Cris bas, peu mélodieux.*

**OÙ ET QUAND.** Côtes du nord-ouest de l'Europe, surtout d'août à avril.

**MILIEUX FAVORIS.** Vasières, plages de sable, marais.

## OISEAUX SEMBLABLES

**Bécasseau variable**, page 140, plus petit, plus blanc dessous en hiver, bec assez long.
**Barges**, page 148, plus grandes, long bec.
**Pluvier argenté**, page 130, bec court, vols moins denses.
**Chevalier gambette**, page 152, paraît plus sombre, pattes longues.

# Bécasseau sanderling

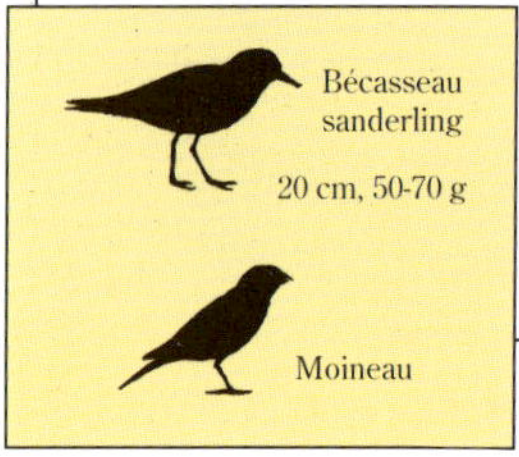


Le Bécasseau sanderling est un adepte de la plage ; c'est lui que l'on voit aller et venir au gré des vagues, courant sur le sable humide pour y ramasser les petits morceaux de nourriture apportés par la mer. Courant en un mouvement presque mécanique, il pousse d'incessants petits cris aigus.

En Europe, au printemps, on peut voir le Bécasseau sanderling en plumage nuptial brun-roux et blanc, mais son plumage d'hiver gris et blanc nous est plus familier. Comparé au Bécasseau variable, il paraît plus contrasté et propre comme un sou neuf.

Il niche dans le Grand Nord, au-delà du cercle polaire arctique, mais migre vers le sud pour aller passer l'hiver jusque dans le sud de l'Afrique et de l'Amérique du Sud : c'est un vrai globe-trotter.

*Plus petit qu'une grive. Bec long et droit, pattes fines. Paraît éclatant, propre, souvent très pâle. Court vite, habituellement en petits groupes. À marée haute, dort en groupe avec les Bécasseaux variables. Vol bas, rapide, ailes pointues.*

**Où et quand.** Plages d'Europe d'août à avril-mai.

**Milieux favoris.** Plages de sable et de galets, estuaires. Rare dans les terres (habituellement au printemps).

## OISEAUX SEMBLABLES

**Bécasseau variable**, page 140, plus sombre, plus brun en hiver ; en automne, jeunes plus jaunes avec des marques sombres sur le ventre.
**Bécasseau maubèche**, page 134, plus gros, plus gris, beaucoup moins blanc.

# Bécasseau violet

*Calidris maritima*

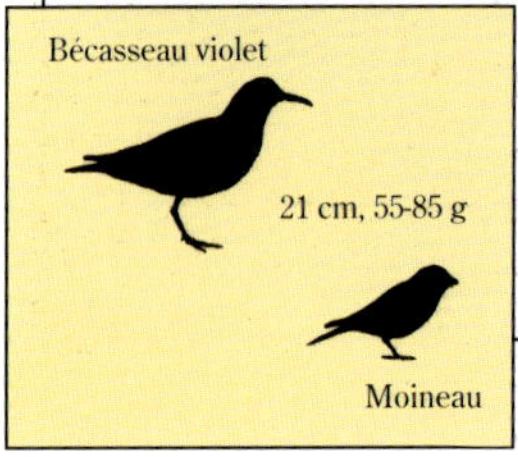


Peu de limicoles sont aussi intimement liés à un habitat particulier que le Bécasseau violet. Il lui arrive de se nourrir le long des plages de galets avec des algues. Habituellement, il s'accroche fermement aux rochers et aux paquets d'algues battus par les vagues, mais aussi aux bancs de moules découverts par la marée basse.

Il accompagne souvent les Tournepierres à collier, mais paraît beaucoup moins coloré. En fait, il est difficile de le repérer quand il ne bouge pas ; mais c'est toujours un plaisir de voir des Bécasseaux violets le long d'une côte rocheuse en automne et en hiver.

Au printemps, le Bécasseau violet migre vers le nord pour nicher sur les montagnes de Scandinavie et dans la toundra pierreuse parmi les lichens et les mousses.

*Plus petit qu'une grive. Rondelet avec des pattes courtes et un bec légèrement arqué. Se nourrit de minuscules animaux vivant dans les algues et les rochers au bord de la mer. Souvent difficile à voir quand il est immobile. Va et vient le long des rochers au gré des vagues.*

**OÙ ET QUAND.** Côtes rocheuses d'Europe de l'Ouest, de septembre à mai.

**MILIEUX FAVORIS.** Rivages rocheux avec des algues et des rochers incrustés de balanes.

## OISEAUX SEMBLABLES

**Bécasseau variable**, page 140, plus pâle, plus brun, sans dessin écailleux sur les ailes, ni pattes jaune-orange.
**Bécasseau maubèche**, page 134, plus gros, plus gris, pattes ternes.

# Bécasseau variable

*Calidris alpina*

Au printemps, dos brun-roux, tête et poitrine plus grises, ventre noir

En vol, fine ligne blanche sur l'aile, croupion sombre avec les côtés blancs

Bec noir, fin, souvent légèrement arqué

En hiver, brun-gris terne avec le ventre plus blanc ; paraît plus pâle, plus brun au soleil, plus sombre avec le ventre pâle à l'ombre

Poitrine légèrement striée

Court souvent ; moins rapide et moins erratique que le Bécasseau sanderling, moins lourdaud que le Bécasseau maubèche

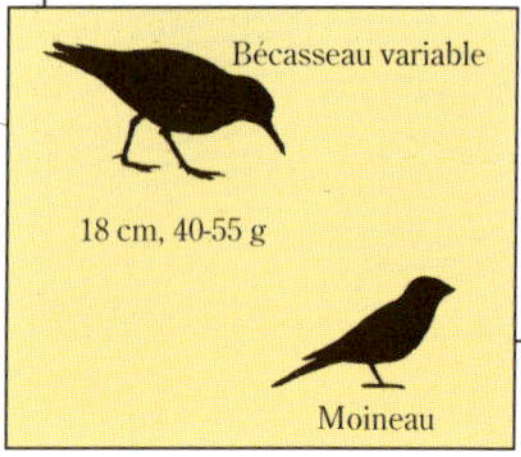


Jeune : dos brun plus jaune strié de brun foncé et de crème, dessous blanc, mais flancs mouchetés de gris foncé

Cri aigu et roulé, *trrui*

Le Bécasseau variable est facile à observer, parce que c'est le plus commun et le plus répandu des petits limicoles. On le trouve au bord des eaux douces ou salées, presque toute l'année. Une fois le Bécasseau variable connu, les autres petits limicoles ne sont pas si difficiles à identifier.

Le Bécasseau variable niche dans les landes et les marais côtiers des îles Britanniques et jusque dans la toundra arctique. Au printemps et en été, son plumage est très coloré et on le voit souvent ainsi avant qu'il ne quitte ses quartiers d'hiver. En fin d'été, les jeunes au plumage neuf apparaissent, parfois très peu farouches – ils n'ont peut-être jamais vu d'hommes.

Quatre œufs sont pondus au sol dans une dépression garnie d'herbes. L'éclosion a lieu 22 jours après.

*Petit limicole, pas beaucoup plus gros qu'un moineau, mais avec de longues pattes et un long bec qui le font paraître plus grand. Bec habituellement un peu arqué. Souvent en groupes, dispersés pour se nourrir, mais se rassemblant pour dormir à marée haute.*

**OÙ ET QUAND.** Presque partout où il y a de l'eau, de l'automne au printemps. En été, Europe septentrionale surtout.

**MILIEUX FAVORIS.** Toundra, landes humides, marais côtiers en été. En hiver, lacs, étangs vaseux, marais, rivages.

## OISEAUX SEMBLABLES

**Bécasseau maubèche**, page 134, plus gros, plus ventru, plus gris.
**Bécasseau sanderling**, page 136, dessous toujours blanc, bec droit.
**Chevalier gambette**, page 152, beaucoup plus grand.
**Grand Gravelot**, page 126, noir et blanc à la tête, pas de noir au ventre.

# Combattant varié

*Philomachus pugnax*

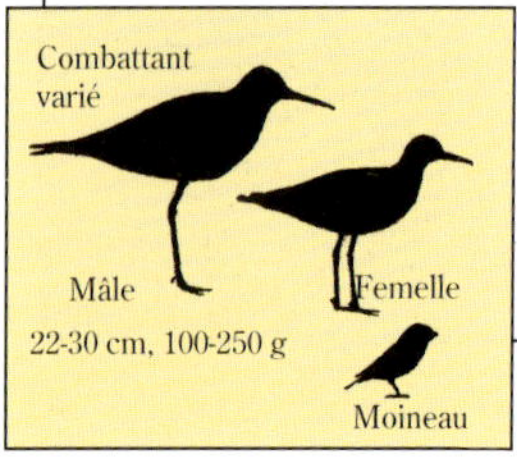


Parmi les limicoles, le Combattant varié est véritablement extraordinaire. Le mâle est plus grand que la femelle et beaucoup plus spectaculaire avec sa collerette et sa houppette colorée et sa peau faciale nue. Pour séduire les femelles, les mâles se rassemblent et s'affrontent de façon rituelle. Les femelles choisissent le mâle qui semble le plus fort et paraît devoir être un bon père pour leurs poussins. Les femelles sont plus camouflées et globalement plus insignifiantes que les mâles.

En automne, les Combattants variés se rencontrent au bord des eaux douces de tous types. Ils se reposent au cours de leur vol migratoire et les jeunes au plumage impeccable sont les plus fréquents.

La femelle pond 4 œufs qui éclosent après 20-23 jours.

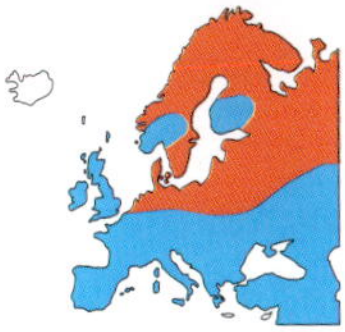

*De la taille d'un pigeon, avec de longues pattes. Femelles et jeunes plus petits. Petite tête ronde, cou bref et bec court légèrement arqué. Marche dans la boue et en eau peu profonde. Ailes assez longues et pointues, vol lent. Crie rarement.*

**Où et quand.** Niche dans le nord-ouest de l'Europe. Peut être observé partout ailleurs, surtout en automne, et en plus petit nombre au printemps et en hiver.

**Milieux favoris.** Étangs peu profonds, prairies humides herbeuses, estuaires abrités.

OISEAUX SEMBLABLES

**Chevalier gambette**, page 152, bec et pattes rouges, large bande blanche sur l'aile.
**Chevalier aboyeur**, page 154, davantage de blanc sur le dos, long bec incurvé vers le haut.
**Bécasseau maubèche**, page 134, plus rondelet, pattes courtes, dos plus uni.

# Bécassine des marais/B. sourde

**Bécassine des marais**
*Gallinago gallinago*

**Bécassine sourde**
*Lymnocryptes minimus*

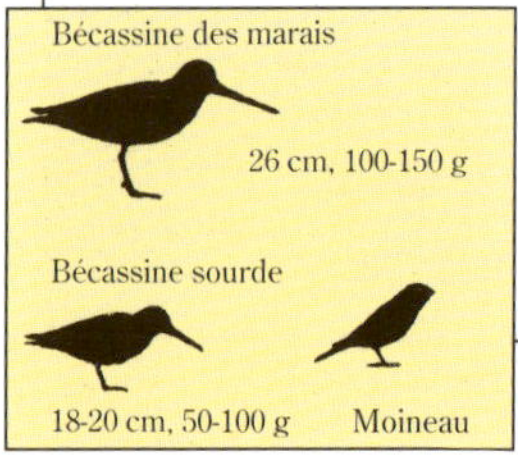


*G. gallinago :*
à l'envol, cri rauque

*L. minimus :*
s'envole en silence

Les bécassines sont des oiseaux de vasières humides et de prairies inondées, où elles sondent le sol meuble à la recherche de vers. La Bécassine des marais est plus commune et plus facile à voir que la petite Bécassine sourde. Elle s'envole souvent en petits groupes en poussant des cris sonores et en zigzaguant. La Bécassine sourde est silencieuse et s'envole au dernier moment avant d'être piétinée ; elle vole alors en ligne droite sur une courte distance avant de se reposer.

En Europe occidentale et méridionale, la Bécassine des marais est visible toute l'année, la Bécassine sourde en hiver seulement. Seule la Bécassine des marais niche en France.

Ses 4 œufs éclosent après 18-22 jours et les jeunes quittent le nid peu après l'éclosion. Ils s'envolent à 19-20 jours.

◁ *De la taille d'un merle, la Bécassine des marais est massive avec un très long bec.*

▷ *La Bécassine sourde est plus petite avec un bec en proportion plus court. Pattes courtes. En vol, toutes deux ont un corps rondelet, une queue courte, des ailes souvent coudées.*

**OÙ ET QUAND.** Nord et est de l'Europe. Se déplace vers le sud et l'ouest en hiver. Répandue toute l'année.

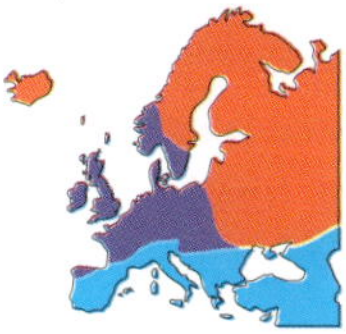

Bécassine des marais

Bécassine sourde

**OÙ ET QUAND.** Niche dans l'extrême nord et l'est de l'Europe. Se disperse au sud et à l'ouest en hiver.

**MILIEUX FAVORIS.** Vasières, prés humides, canaux et cours d'eau.

**MILIEUX FAVORIS.** Prés humides, prairies inondées, jonchaies.

# Bécasse des bois

La Bécasse des bois est un oiseau forestier très particulier. Elle habite les vieilles forêts de conifères et les bois de feuillus humides avec un sous-bois dense et une épaisse litière de feuilles mortes riches en vers de terre. Elle passe la journée au sol, immobile, invisible en raison de son plumage qui se confond avec les feuilles et la terre. Au crépuscule, elle se déplace pour se nourrir.

Au printemps, elle parcourt son territoire en volant, croassant comme une grenouille et poussant des sifflements aigus. En automne, beaucoup de bécasses quittent le nord de l'Europe pour hiverner plus au sud, où le sol n'est pas gelé, la vase meuble étant essentielle pour leurs habitudes alimentaires.

La Bécasse des bois pond 4 œufs qui éclosent en 23 jours.

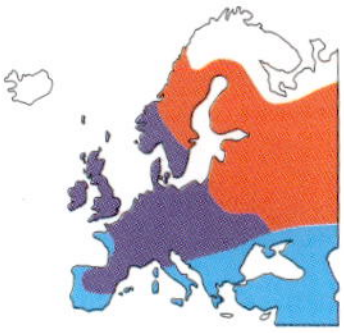

*Taille d'un pigeon. Très long bec, pattes courtes et robustes. Corps massif, allongé, mais queue très courte. En vol, ailes larges, mais pointues. Quasi impossible à voir au sol. Peut être observée au crépuscule en été, quand elle vole en chantant.*

**OÙ ET QUAND.** Répandue toute l'année. En France, plus abondante à l'automne et en hiver.

**MILIEUX FAVORIS.** Forêts avec clairières marécageuses et fossés humides.

## OISEAUX SEMBLABLES

**Bécassine des marais**, page 144, plus mince, plus petite avec des raies (et non des barres) sur la tête.
Rapaces nocturnes, vol plus lent, ailes larges, vol moins direct.

# Barge à queue noire/B. rousse

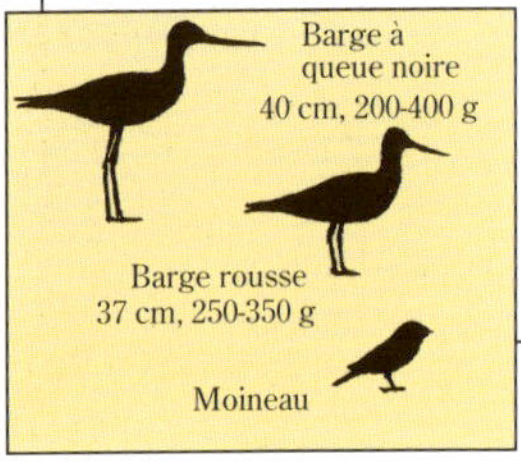


La Barge à queue noire niche aux Pays-Bas et plus au nord, localement en France, mais surtout en Islande. C'est un oiseau des pâturages humides et des marais. En automne, la plupart migrent vers les estuaires des îles Britanniques et de la France, où elles choisissent des endroits abrités avec de la vase. Les 4 œufs sont pondus au sol dans l'herbe rase et éclosent après 22-24 jours. Les jeunes volent à 4 semaines.

La Barge rousse est un oiseau du Grand Nord, qui niche bien au-delà du cercle polaire arctique. Comme la neige fond très tard dans ces régions, beaucoup de Barges rousses séjournent jusqu'à fin mai dans les estuaires européens. Les Barges rousses fréquentent les rivages envasés, comme les Bécasseaux maubèches, Chevaliers gambettes et Courlis cendrés.

*◁ Barge à queue noire : grande et dressée. Très contrastée en vol et colorée au printemps. En hiver, moins rayée que la Barge rousse.*

*▷ Barge rousse : pattes paraissant courtes, mais bec très long. En hiver, plumage rayé rappelant celui d'un courlis.*

**Où et quand.** En été, surtout dans le Grand Nord. En hiver, migre vers le sud, plus répandue.

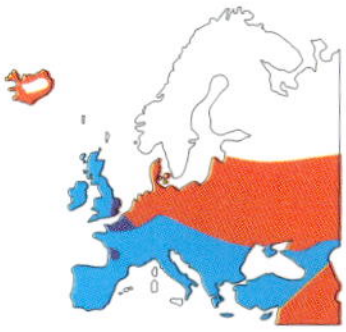

Barge à queue noire

Barge rousse

**Où et quand.** Arctique en été. De l'automne au printemps, répandue sur les côtes d'Europe de l'Ouest.

**Milieux favoris.** Prairies humides, prés-salés, estuaires et criques envasés.

**Milieux favoris.** Estuaires vaseux, plages de sable.

# Courlis cendré/C. corlieu

**Courlis cendré**
*Numenius arquata*

**Courlis corlieu**
*Numenius phaeopus*

Cri du Courlis cendré : *cour-li* ; cri du Courlis corlieu : trille rapide, *hi-huhuhuhuhuhu*

Le Courlis cendré vit toute l'année en Europe, tandis que le Courlis corlieu est présent du printemps à l'automne. Répandu, plus commun et possédant des cris mélodieux, le Courlis cendré fait partie du folklore rural. Le Courlis corlieu est un oiseau méconnu du public. Tous deux possèdent un long bec arqué, idéal pour sonder les profonds tunnels des vers marins et pour fouiller dans les sols meubles pour se nourrir. Ils nichent dans les parties sèches des landes, de la toundra et des pâtures, mais passent une grande partie de l'année dans les estuaires où la vase humide leur permet de se nourrir. Ils forment alors de grandes troupes avec d'autres limicoles. Les deux espèces pondent 4 œufs qui éclosent après 27-29 jours. Les jeunes volent à 35-40 jours.

◁ *Courlis cendré : longues pattes et très long bec arqué vers le bas, petite tête ronde, longues ailes coudées, cris liquides et sonores.*

▷ *Courlis corlieu : plus petit, plus sombre, bec plus coudé que courbé. En vol, paraît plus compact, battements d'ailes plus rapides.*

**OÙ ET QUAND.** Toute l'année, nord et ouest de l'Europe.

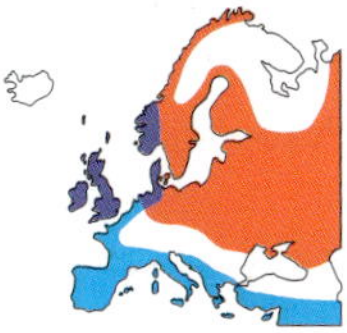

Courlis cendré

**MILIEUX FAVORIS.** Landes, prairies humides, marais, estuaires, baies.

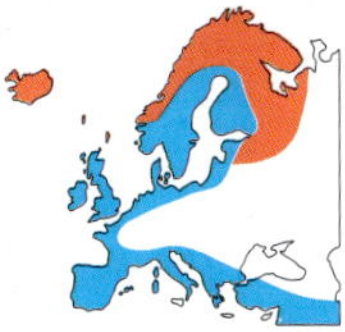

Courlis corlieu

**OÙ ET QUAND.** Surtout dans le nord en été, répandu sur les côtes au printemps et en automne.

**MILIEUX FAVORIS.** Toundra en été ; estuaires, plages au printemps et à l'automne.

# Chevalier gambette/C. arlequin

Le Chevalier gambette est un oiseau nerveux, sans cesse en mouvement, toujours prêt à décoller d'une vasière ou du bord d'un marais en poussant des cris sonores. Il se nourrit sur les estuaires envasés et les marais salants, mais forme de grands groupes silencieux à marée haute. Il paraît alors souvent très sombre par rapport aux barges et courlis et aux petits bécasseaux variables qui les accompagnent.

Le Chevalier arlequin est beaucoup plus rare. Il se nourrit habituellement en petits groupes dans les eaux peu profondes, courant sur de courtes distances ou nageant en eau plus profonde.

Le Chevalier gambette niche au sol. Il pond 4 œufs qui éclosent au bout de 22-24 jours. Les jeunes volent à 28 jours.

◁ *Tous deux sont des limicoles élégants, mais le Chevalier gambette a un bec et des pattes un peu plus courts et une structure plus robuste que le Chevalier arlequin. Il se nourrit sur les vasières et au bord des lacs.*

▷ *Le Chevalier arlequin se tient plus fréquemment dans l'eau.*

**Où et quand.** Toute l'année, nord et ouest de l'Europe. Répandu au printemps et à l'automne.

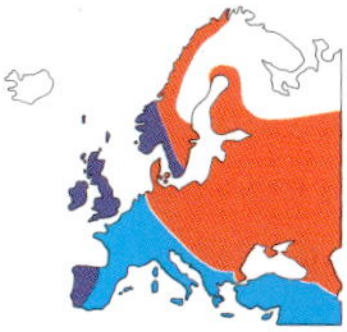

Chevalier gambette

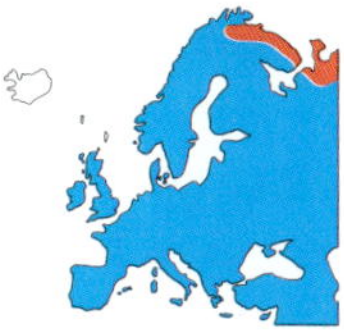

Chevalier arlequin

**Où et quand.** Niche dans l'extrême Nord. Commun du printemps à l'automne, rare en hiver.

**Milieux favoris.** Champs humides, landes, marais salants, estuaires, côtes rocheuses.

**Milieux favoris.** Tourbières et lacs de toundra en été. Lacs, étangs, estuaires, lagunes côtières.

# Chevalier aboyeur

*Tringa nebularia*

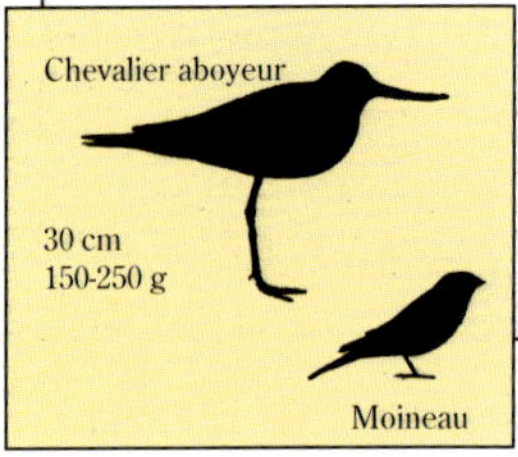


Aucun limicole n'a l'élégance ni la délicatesse du Chevalier aboyeur. Comparé au Chevalier gambette, il est plus pâle, avec des pattes plus longues, un corps plus effilé et un bec légèrement retroussé. Il est toutefois rapide et très actif, poursuivant souvent de petits poissons en pataugeant allègrement avec de l'eau jusqu'au ventre. Le vert des pattes peut être difficile à voir – elles paraissent alors ternes et pâles. En été, le Chevalier aboyeur est un oiseau farouche et discret, qui niche dans les tourbières reculées du Grand Nord. En automne, il est plus facile à voir au bord des lacs et des réservoirs et sur les côtes. Quelques centaines d'individus passent l'hiver en Europe – en France principalement, mais la plupart migrent vers l'Afrique.

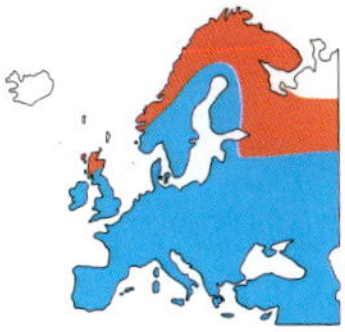

*Taille d'un pigeon, mais longues pattes fines. Bec long, légèrement relevé. En vol, ailes paraissant longues et corps mince, queue et pattes formant une pointe. Farouche, facilement dérangé, s'envole en poussant des « thiou-thiou-thiou » répétés.*

**Où et quand.** Rare en hiver, répandu au printemps et à l'automne. En été, extrême nord-ouest de l'Europe.

**Milieux favoris.** Niche dans les tourbières humides et les clairières forestières. En automne, bord des eaux douces et baies côtières.

OISEAUX SEMBLABLES

**Chevalier gambette**, page 152, plus sombre, en particulier sur la tête.
**Barges**, page 148, bec plus long et pattes sombres.
**Combattant varié**, page 142, en automne, liserés chamois pâle aux plumes, dessin de la queue et du croupion différent en vol.

# Chevalier sylvain/C. culblanc

**Chevalier sylvain**
*Tringa glareola*

**Chevalier culblanc**
*Tringa ochropus*

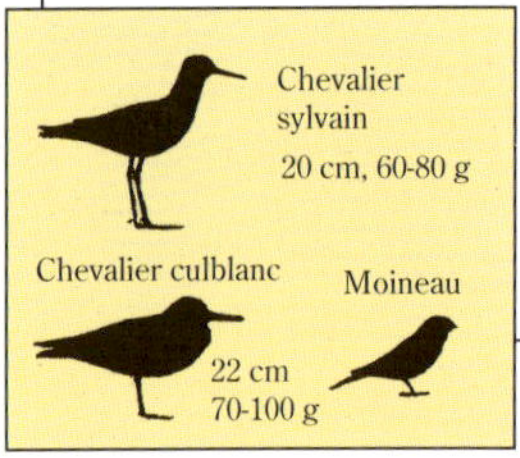


Les Chevaliers culblanc et sylvain sont un peu plus grands et beaucoup moins souvent observés que le Chevalier guignette. Tous deux nichent dans l'extrême nord de l'Europe et vont passer l'hiver en Afrique, à l'exception de quelques Chevaliers culblancs qui séjournent tout l'hiver sur de petits étangs intérieurs et au bord de cours d'eau rapides. Ils ont l'habitude de hocher l'arrière du corps à la façon du Chevalier guignette, en particulier le Chevalier culblanc. Leur vol est toutefois plus rapide et plus assuré que le vol bas et vibrant du Chevalier guignette. Comme la plupart des limicoles, ils sont beaucoup plus communs en début d'automne que le reste de l'année, lorsque les jeunes en migration vers le sud s'arrêtent longuement pour se nourrir et se reposer.

◁ *De la taille d'un Merle noir, le Chevalier culblanc est petit, effilé à l'arrière. Il hoche la tête et balance la queue de haut en bas. S'envole rapidement et s'élève en zigzaguant.*

▷ *Le Chevalier sylvain a une petite tête, un corps rondelet et des pattes plus longues.*

**Où et quand.** Surtout au printemps et en automne. Niche plus au nord. Çà et là en hiver.

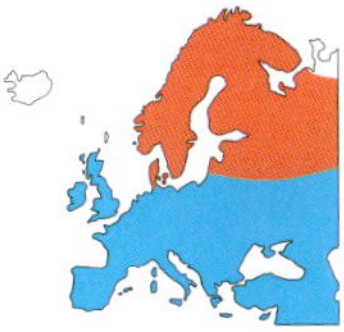

Chevalier culblanc

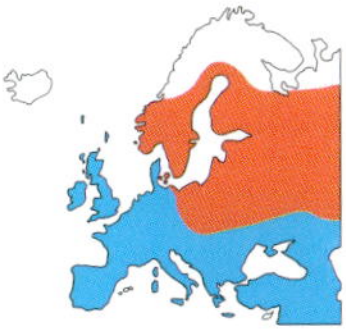

Chevalier sylvain

**Où et quand.** Niche en Scandinavie et à l'est de la Baltique. Répandu en avril-mai et en août-septembre.

**Milieux favoris.** Bord des eaux douces, marais salants.

**Milieux favoris.** Clairières des forêts tourbeuses en été. Plans d'eaux envasés.

# Chevalier guignette

*Actitis hypoleucos*

Le Chevalier guignette est un oiseau typique des landes nordiques, des berges caillouteuses des rivières rapides et des lacs bordés de marais. C'est un oiseau loquace, produisant une variété de trilles rapides et de cris en séries. En automne, l'espèce migre jusqu'en Afrique, s'arrêtant un jour ou deux au bord de tout plan d'eau qu'elle rencontre. C'est un véritable limicole de passage, que l'on peut voir loin de ses lieux de reproduction. Contrairement à d'autres petits limicoles, comme le Bécasseau variable, le Chevalier guignette se rencontre rarement en groupes de plus de cinq ou six oiseaux et ne forme pas de troupes denses sur les limicoles côtiers.

Les 4 œufs sont pondus sur une berge herbeuse et éclosent après 22 jours. Les jeunes volent à 4 semaines.

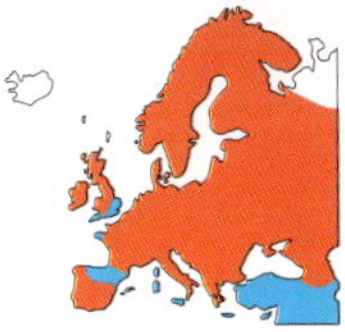

*Taille d'une grive. Bec droit assez court. Pattes courtes et pâles. Arrière du corps effilé, hochant régulièrement comme une bergeronnette. Vole avec les ailes rigides, arquées vers le bas ; battements rapides et vibrants. Paraît pâle avec des barres blanches sur les ailes.*

**OÙ ET QUAND.** Surtout au printemps et à l'automne ; rare en hiver sur les côtes.

**MILIEUX FAVORIS.** Torrents, lacs, mares peu profondes, côtes rocheuses.

## OISEAUX SEMBLABLES

**Bécasseau variable**, page 140, plus gris en hiver, pattes noires, bec arqué, souvent en groupes.
**Bécassine des marais**, page 144, rayée, bec très long.
**Chevalier culblanc**, page 156, plus sombre, davantage noir et blanc en vol.

# Tournepierre à collier

*Arenaria interpres*

Le Tournepierre à collier est un limicole de l'Arctique, qui niche très rarement en Europe de l'Ouest, mais que l'on trouve presque toute l'année sur la plupart des côtes européennes. En été, quelques oiseaux immatures y séjournent, et, en hiver, l'espèce est commune sur les rochers et dans les amas d'algues battus par les vagues. Les groupes sont bruyants, poussant des cris nasillards sonores et des trilles aigus quand ils se nourrissent et voletant sur quelques mètres quand on s'approche trop près. Les Tournepierres à collier sont habituellement peu farouches et ne s'enfuient pas très loin, sauf quand ils sont dérangés sur un reposoir à marée haute. Le plumage nuptial bariolé de l'espèce est visible dès février et l'est encore souvent en fin d'été.

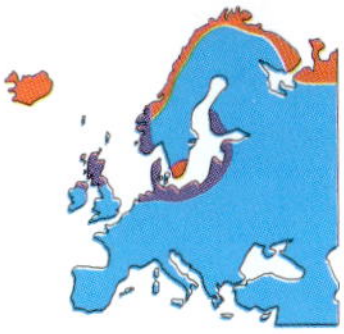

*Taille d'une grive, trapu ; pattes et bec courts. Le bec peut paraître incurvé. Cris sonores, aigus et brefs. Souvent en groupes dans les rochers ou en compagnie d'autres limicoles sur les plages de galets. Vol rapide d'un rocher à l'autre.*

**Où et quand.** Niche sur les îles de l'Arctique ; visible la plupart de l'année sur les côtes européennes.

**Milieux favoris.** Plages de sable avec laisse de mer, rochers couverts d'algues, enrochements.

## OISEAUX SEMBLABLES

Aucun oiseau aussi bariolé en été. **Bécasseau variable**, page 140, plus strié, tache noire au ventre. En hiver, aucune espèce de même taille, avec la poitrine noire et le dessous blanc.

# Labbe parasite/Grand Labbe

**Labbe parasite**
*Stercorarius parasiticus*

**Grand Labbe**
*Stercorarius skua*

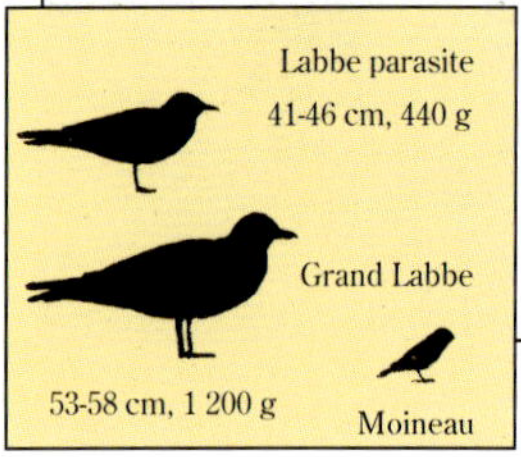


Les labbes sont des oiseaux nordiques attirants, qui nichent sur les îles retirées et passent le long des côtes d'Europe de l'Ouest en automne. Ils peuvent pêcher des poissons et tuent souvent de petits oiseaux, mais ils sont spécialisés dans le parasitisme des mouettes et des sternes, qu'ils poursuivent jusqu'à ce qu'elles leur abandonnent leurs poissons : ce sont de véritables pirates des mers. Le Labbe parasite est beau et élégant ; le Grand Labbe peut être aussi rapide, mais paraît plus massif et plus lourd. Pour les voir, il faut observer en mer à partir d'un cap, en automne, en particulier si un vent fort souffle en direction de la côte et rabat les oiseaux près du rivage. Les labbes se distinguent alors à leur plumage sombre avec une tache blanche au bout de chaque aile. Les deux espèces attaquent l'homme quand il pénètre sur leur territoire.

◁ *Labbe parasite allongé, avec une longue queue pointue. Ailes longues, étroites, coudées et pointues. Il poursuit les Mouettes tridactyles et les sternes en virevoltant rapidement.*

▷ *Grand Labbe massif avec une queue courte et presque carrée. Ailes larges avec le bout pointu. Il poursuit les goélands et les Fous de Bassan, les forçant à se poser sur l'eau.*

**OÙ ET QUAND.** Niche en Islande, sur les côtes de Scandinavie, dans le nord de l'Écosse. Répandu d'avril à octobre au large des côtes d'Europe de l'Ouest.

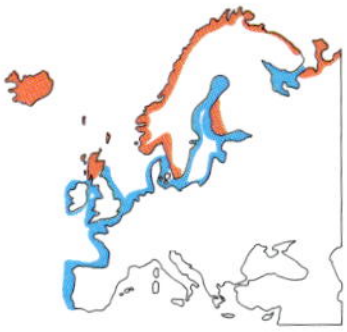

Labbe parasite

Grand Labbe

**OÙ ET QUAND.** Niche en Islande du Sud, aux îles Féroé et dans les îles du nord de l'Écosse. Répandu d'avril à octobre au large des côtes ouest de l'Europe.

**MILIEUX FAVORIS.** Toundra côtière, tourbières; en mer quand il ne niche pas.

**MILIEUX FAVORIS.** Toundra côtière. En mer quand il ne niche pas.

# Mouette rieuse

La Mouette rieuse est omniprésente. Elle niche à l'intérieur des terres et se nourrit dans les zones agricoles, mais aussi depuis quelques décennies dans les dépôts d'ordures, les jardins et les parcs. C'est la mouette la plus visible et la plus facile à reconnaître – la couleur vive de ses pattes et de son bec et son capuchon se remarquent, mais le meilleur indice est le triangle blanc sur l'aile. Les Mouettes rieuses suivent les charrues pour ramasser des vers de terre ou harcèlent d'autres oiseaux pour leur voler leurs proies. Au début du printemps, un concert de cris rauques et grinçants s'élèvent des colonies.

La Mouette rieuse niche au sol ou dans les joncs, où elle pond 2 ou 3 œufs qui éclosent après 23-26 jours. Les jeunes volent à 35 jours.

*Plus grande qu'un pigeon, avec des ailes plus longues. Corps élancé. Bec fin. Queue courte et carrée. Ailes longues, coudées et pointues. Loquace, souvent abondante sur les bassins des parcs urbains et les plages. Pénètre dans les jardins et se pose sur les toits.*

**Où et quand.** Toute l'année. Répandue en Europe.

**Milieux favoris.** Lacs, étangs, réservoirs, côtes, champs inondés, dépotoirs.

## OISEAUX SEMBLABLES

La plupart des **goélands**, pages 166 à 172, ont la tête blanche en été.
Les **sternes**, pages 176 à 180, ont une calotte noir brillant et non un capuchon brun.

# Goéland cendré

Dans la majeure partie de l'Europe septentrionale, le Goéland cendré est commun en été, mais il n'est pas aussi répandu plus au sud. En hiver, il est beaucoup plus abondant qu'en été, mais il reste étonnamment rare dans de vastes zones.

C'est un goéland des prairies rases où il marche durant de longues heures à la recherche de vers de terre. Il se joint aux autres goélands sur les dépotoirs, mais il est habituellement un peu plus farouche et plus calme que la Mouette rieuse ou les gros goélands. En été, il préfère les baies abritées et les pentes rocheuses, ou encore les landes dégagées proches de la mer, plutôt que les falaises côtières et les îles.

Il pond 3 œufs sur un îlot rocheux ou dans une zone tourbeuse. L'éclosion a lieu 24-27 jours après et les jeunes volent à 35 jours.

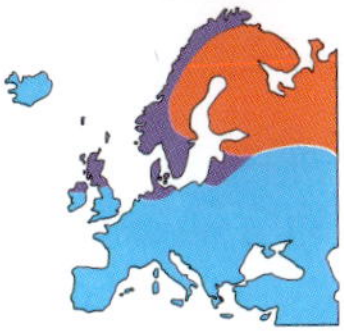

*Plus gros qu'un pigeon. Pattes et bec courts. Ailes longues. Silhouette élégante. Tête arrondie avec un petit bec et un œil sombre. Vol léger avec des battements d'ailes souples ; plane moins que les grands goélands.*

**Où et quand.** Nord et ouest de l'Europe en été ; répandu en hiver.

**Milieux favoris.** Rivages rocheux, landes, toundra, plages, lacs.

## OISEAUX SEMBLABLES

**Goélands argenté** et **leucophée**, page 170, semblables, mais beaucoup plus gros, avec l'œil pâle et une tache rouge au bec. **Mouette rieuse**, page 164, plus petite, plus pâle, avec un triangle blanc sur l'aile et des pattes rouges.

# Goéland brun

*Larus fuscus*

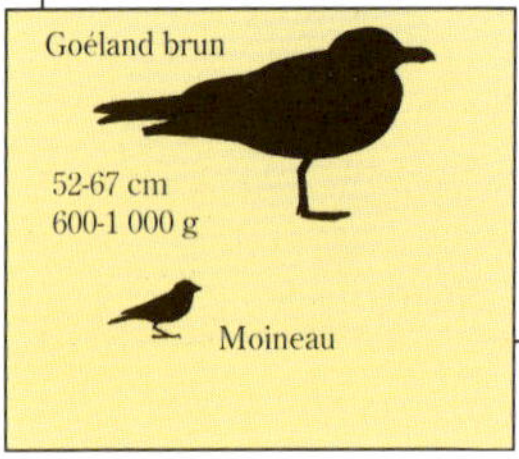


Le Goéland brun est un grand laridé élégant, particulièrement beau en été, quand son plumage est immaculé et ses pattes jaune vif. À cette époque, il se rassemble en colonies sur les îles et au sommet des falaises, souvent sur des terrains plus plats que ceux fréquentés par le Goéland argenté aux côtés duquel il niche. C'est un oiseau agressif, capable de poursuivre le Goéland argenté, pourtant plus grand. Il s'éloigne plus de la côte et plus souvent que le Goéland argenté. La race scandinave, à dos plus noir, se nourrit davantage en mer et plonge pour attraper des poissons. Elle migre vers l'Afrique pour passer l'hiver, voyageant beaucoup plus que la plupart des Goélands argentés.

Il niche sur les rochers ou dans l'herbe. Les 3 œufs éclosent entre 24 et 27 jours après et les jeunes volent à 30-40 jours.

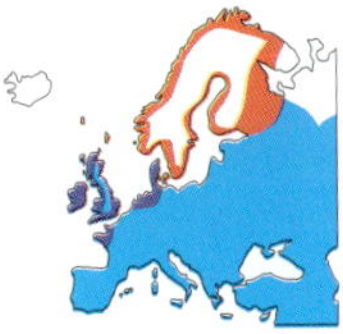

*Plus grand qu'un Canard colvert. Silhouette longue et élancée, pattes courtes. Gros bec jaune avec une tache rouge. Nage bien, marche avec aisance. Vole en planant longuement, peut cercler haut dans le ciel. Suit souvent les bateaux.*

**Où et quand.** Principalement dans le nord et l'ouest de l'Europe en été. Quelques-uns passent l'hiver en France et en Espagne.

**Milieux favoris.** Côtes rocheuses, îles, landes, plages, lacs.

## OISEAUX SEMBLABLES

**Goélands argenté** et **leucophée**, page 170, gris plus pâle dessus. **Goéland marin**, page 172, plus noir (sauf en Scandinavie, où les Goélands bruns sont aussi très noirs), beaucoup plus gros, pattes roses.

# Goéland argenté/G. leucophée

Ce sont tous deux des goélands typiques, ces oiseaux gris argenté et blanc avec le bout des ailes noir qui cherchent à manger dans les dépotoirs et qui poussent des cris sonores depuis les toits des villes côtières.

Dans le nord de l'Europe, le Goéland argenté est plus grand et d'un gris plus foncé. En France, il est relativement plus petit et plus pâle avec plus de noir au bout de l'aile. Autour de la Méditerranée et dans le golfe de Gascogne, les oiseaux sont plus sombres, ont les pattes jaunes et sont aujourd'hui considérés par les spécialistes comme une espèce différente : le Goéland leucophée. En été, les deux espèces sont très visibles et assez peu farouches, mais, en hiver, elles sont plus difficiles à approcher.

Les 3 œufs éclosent après 28-30 jours.

*Grande taille, ailes longues, bec fort à bout crochu.Iris pâle. Ailes longues et larges. Vol gracieux, longs vols planés le long des falaises. Nage bien. Souvent en grands groupes avec d'autres goélands. Bruyants et agressifs.*

△ *Goéland argenté*

▷ *Goéland leucophée*

**OÙ ET QUAND.** Répandu sur les côtes, toute l'année ; en hiver, également à l'intérieur des terres.

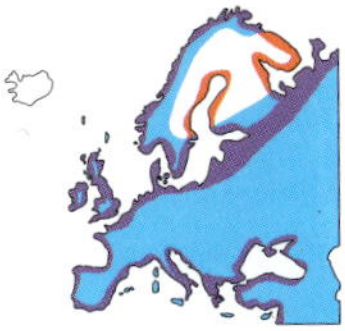

Goéland argenté

Goéland leucophée

**OÙ ET QUAND.** Méditerranée, Espagne et ouest de la France. En automne, migre vers le nord jusqu'aux Pays-Bas.

**MILIEUX FAVORIS.** Falaises, îles, plages, dépotoirs, champs, lacs, ports.

**MILIEUX FAVORIS.** Plages, îles, dépotoirs, lacs, fleuves.

# Goéland marin

*Larus marinus*

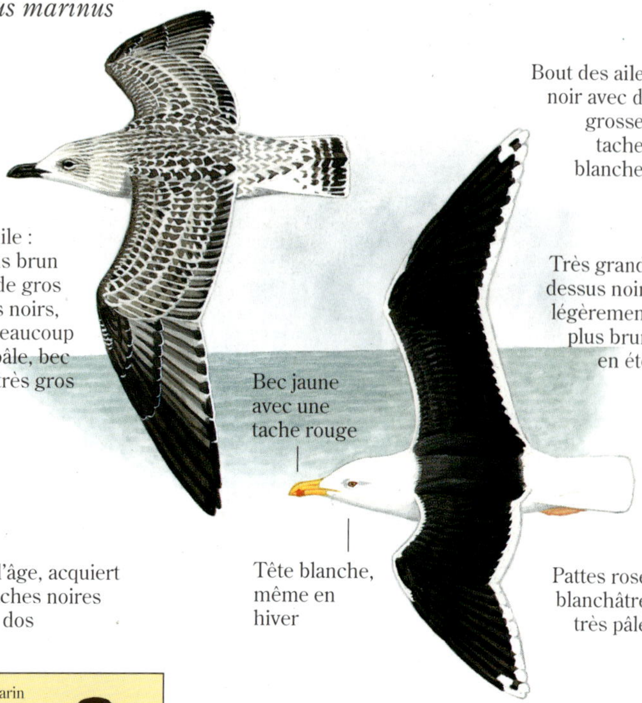

C'est le plus gros et le plus impressionnant des goélands. Sa stature le rend très visible parmi d'autres goélands en hiver. Sur les côtes où il niche, il choisit les rochers les plus élevés, ce qui le rend plus impressionnant encore. Ses cris sont les plus graves et les moins mélodieux.

En hiver, la plupart des Goélands marins séjournent sur les côtes, mais quelques-uns pénètrent de plus en plus souvent dans les terres avec les autres espèces de goélands. À cette époque, ils se nourrissent de toutes sortes de déchets, mais, en été, ils sont capables de tuer des oiseaux de la taille du Macareux moine et d'en faire une seule bouchée.

Le Goéland marin niche isolément au sommet des falaises. Il pond 2 ou 3 œufs qui éclosent après 27-28 jours. Les jeunes volent à 2 mois.

*Taille d'une oie. Ailes longues, bec crochu très épais. Grosse tête blanche, iris pâle. Paraît lourdaud et féroce. Vol au ras de l'eau. Souvent posé sur les plus hautes falaises ou au sommet des îlots.*

**OÙ ET QUAND.** Toute l'année en Europe occidentale et nordique ; descend jusque sur les côtes espagnoles en hiver.

**MILIEUX FAVORIS.** Falaises, îles, plages de tous types, dépotoirs.

## OISEAUX SEMBLABLES

**Goéland brun**, page 168, plus petit, plus élancé, pattes jaunes, dessus plus pâle, tête beaucoup plus striée en hiver.
**Goéland argenté** juvénile, page 170, bec plus petit et plus pâle.

# Mouette tridactyle

La Mouette tridactyle est l'un des laridés les plus attirants : c'est un véritable oiseau marin, qui passe la plupart de sa vie en haute mer. Elle est dans son élément en pleine mer, même par tempête, volant en de longues courbes ascendantes et descendantes en utilisant la force du vent pour se déplacer sans effort. Elle est rare à l'intérieur des terres, mais, à l'automne, il arrive que l'espèce soit déportée dans les terres par les violentes tempêtes.

Elle niche en colonies – pouvant compter plusieurs centaines de milliers de couples dans le Grand Nord – dans les falaises côtières, où elle construit un nid d'algues et d'herbes sur des corniches étroites.

Les 2 œufs éclosent après 27 jours. Les jeunes s'envolent entre 33 et 54 jours après l'éclosion.

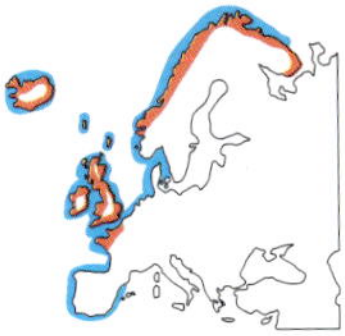

*Taille d'un pigeon. Pattes très courtes, ailes longues, petit bec, tête arrondie, iris sombre. Vol léger et sautillant, battements d'ailes lents. Très loquace dans les grandes colonies. Ne se mêle habituellement pas aux autres laridés sur les plages et les dépotoirs.*

**OÙ ET QUAND.** Falaises et mers du nord et de l'ouest de l'Europe. Toute l'année (surtout de mars à octobre).

**MILIEUX FAVORIS.** Côtes et haute mer, parfois sur les bâtiments et les brise-lames.

OISEAUX SEMBLABLES

**Goéland cendré**, page 166, pattes pâles, points blancs au bout de l'aile, se tient au sol dans les champs.
**Goéland argenté**, page 170, beaucoup plus gros.

# Sterne caugek

Les sternes sont des oiseaux nerveux et capricieux, mais la Sterne caugek est la plus imprévisible de toutes. Une année, elle forme une grande colonie sur un banc de sable ou une langue de galets ; l'année suivante, il n'y en a plus aucune. Un renard peut provoquer l'abandon d'une colonie et une grande marée ou un vent fort recouvrant les œufs de sable peuvent détruire les nids de centaines de couples. La Sterne caugek passe l'hiver en Afrique de l'Ouest et revient en Europe à la fin mars ou en avril. Elle se distingue à sa taille plus grande et à sa blancheur. Lorsqu'elle survole la mer, elle pousse d'incessants *kirru* sonores et roulés.

Elle pond 1 œuf ou 2 sur le sable ou les galets. L'éclosion se produit 25 jours après et les jeunes s'envolent à 28-30 jours.

*Taille d'un pigeon, mais corps très long et mince, ailes effilées. Long bec pointu. Pattes très courtes rendant la marche difficile. Vol élégant, bondissant. Plonge bruyamment dans l'eau. Très loquace dans les colonies.*

**Où et quand.** En été, côtes nordiques et occidentales surtout ; plus répandue en automne.

**Milieux favoris.** Dunes, plages de sable et de galets, mer.

OISEAUX SEMBLABLES

**Mouette rieuse**, page 164, capuchon brun.
**Sternes pierregarin** et **arctique**, page 178, pattes et bec rouges, dos gris plus foncé.

# Sterne pierregarin/S. arctique

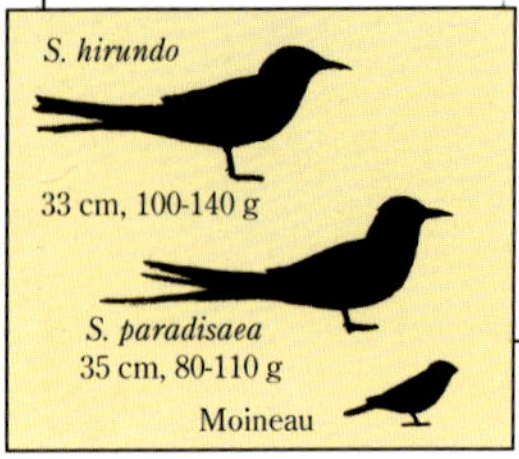


Souvent confondues, ces deux sternes sont élégantes, avec de longues ailes et une queue très échancrée. Elles pêchent le long des rivages en plongeant dans l'eau la tête la première. Au nid, elles sont loquaces et agressives, attaquant tout intrus qui s'approche. Elles migrent vers le sud à l'automne : la Sterne pierregarin gagne les eaux côtières d'Afrique de l'Ouest, la Sterne arctique vole jusqu'en Antarctique, au-delà de l'Afrique du Sud. La Sterne arctique vit ainsi la plupart du temps à la lumière du jour, passant du jour permanent de l'été arctique à celui de l'été antarctique. La Sterne pierregarin est la plus fréquente sur les lacs de l'intérieur des terres.

Toutes deux nichent au sol, pondant de 1 à 3 œufs qui éclosent après 21-22 jours.

*Taille d'un pigeon, mais structure légère et élancée. Pattes très courtes. Bec fin et pointu. Longues ailes pointues et coudées. Très longue queue fourchue. Sterne arctique : queue plus longue, bec et pattes plus courts, tête plus ronde que la Sterne pierregarin.*

△ *Sterne pierregarin*

▷ *Sterne arctique*

**Où et quand.** Côtes et grands fleuves d'Europe, d'avril à octobre.

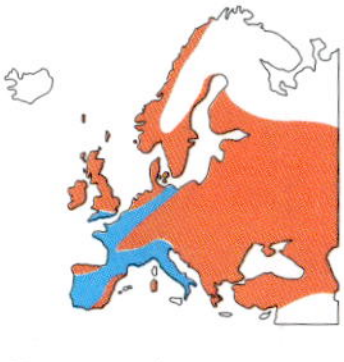

Sterne pierregarin

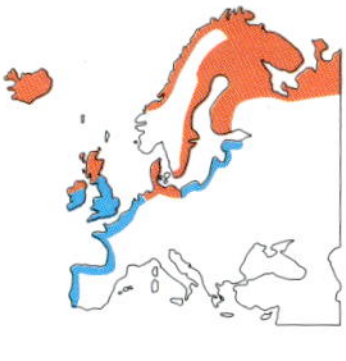

Sterne arctique

**Où et quand.** Côtes d'Europe septentrionale, dans les terres en Islande et dans le nord de la Scandinavie, d'avril à octobre.

**Milieux favoris.** Eaux continentales, plages de sable, lacs, réservoirs.

**Milieux favoris.** Toundra, landes rases, îlots rocheux, pleine mer pour la migration.

# Sterne naine

La Sterne naine est vraiment la plus petite des sternes, mais elle est rapide et excitée, et non élégante et gracieuse comme ses cousines plus grandes. Comparée à ces dernières, on dirait un jouet mécanique et lorsqu'elle plonge pour pêcher, elle heurte la surface dans un tout petit « plouf » et arrive à peine à disparaître sous l'eau.

La Sterne naine niche sur les plages juste à la limite des vagues et ses œufs sont souvent emportés par de fortes marées ou des tempêtes. Elle est aussi très sujette aux dérangements humains, parce qu'elle affectionne elle aussi les plages de sable. En automne, elle migre vers le sud, jusqu'en Afrique où elle passe l'hiver.

Les 1 à 3 œufs éclosent après 18-22 jours et les jeunes volent 19 à 20 jours plus tard.

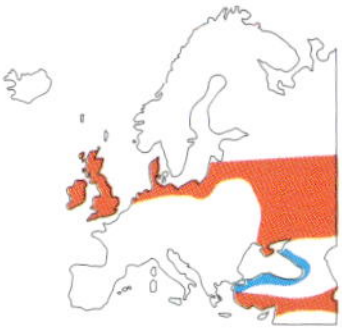

*Taille d'une grive, très fine. Pattes courtes, bec très pointu. Longues ailes étroites et pointues, coudées en vol. Queue courte, fourchue. Se pose sur les plages, mais marche rarement. Loquace. Plonge dans l'eau pour pêcher.*

**OÙ ET QUAND.** Du printemps à l'automne, plages et îles.

**MILIEUX FAVORIS.** Sable et galets, estuaires.

## OISEAUX SEMBLABLES

Les autres sternes sont plus grandes, plus lentes et ont le bec et les pattes rouges ou noirs.

# Guifette noire

*Chlidonias niger*

Juvénile plus pâle, plus brun dessus, mais avec le même dessin et des points sombres à la poitrine, calotte sombre descendant sur les « oreilles »

Bec noirâtre, pattes rougeâtre sombre

En été, noir fuligineux, sauf le dessous de la queue blanc et le dessous de l'aile gris

Ailes plus larges que chez la Sterne naine, queue gris pâle, plus large, plus carrée

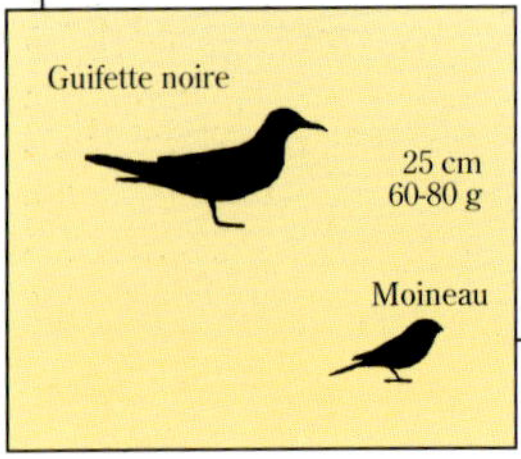


En automne, gris-brun dessus, blanc dessous, côtés de la poitrine nettement marqués de gris

Cri bref, *kik*

La Guifette noire est un oiseau de marais qui fréquente les eaux douces et les côtes abritées. Contrairement aux sternes, qui plongent entièrement dans l'eau pour attraper des poissons, elle se nourrit d'insectes et de minuscules poissons capturés à la surface de l'eau. Elle se distingue également par son plumage d'été beaucoup plus noir et par sa queue moins fourchue. Dans de nombreuses régions d'Europe, la Guifette noire est surtout un oiseau de passage, au printemps et à l'automne. Certaines années, plusieurs centaines d'oiseaux apparaissent et séjournent un ou deux jours dans des lieux où il y en a habituellement moins d'une dizaine.

Elle niche sur des plantes flottantes. Les 2 à 4 œufs éclosent après 21-22 jours. Les jeunes volent à partir de 19-25 jours.

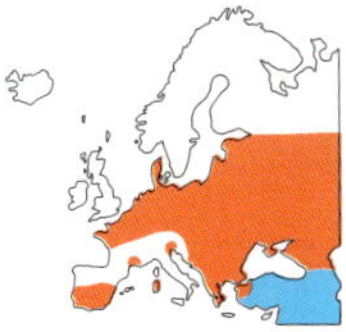

*Plus petite qu'un pigeon. Ailes longues, pattes très courtes. Vol bas, lent, léger et sautillant. Se rapproche fréquemment de la surface de l'eau pour attraper une proie, mais plonge rarement. Se perche volontiers sur des piquets émergés, des pierres ou des bateaux.*

**OÙ ET QUAND.** Du printemps à l'automne, dans une grande partie de l'Europe, mais niche très localement.

**MILIEUX FAVORIS.** Marais, lacs d'eau douce, étangs peu profonds, côtes.

## OISEAUX SEMBLABLES

**Sterne pierregarin** juvénile (automne), page 178, plus pâle, base du bec pâle, queue plus pâle et plus longue.
**Sterne arctique** (été), page 178, joues pâles, dessous gris plus pâle.

# Guillemot de Troïl/Pingouin torda

Ces deux espèces sont des oiseaux marins qui viennent à terre seulement pour nicher dans les falaises côtières. Le Pingouin torda choisit des cavités et de larges corniches, tandis que le Guillemot de Troïl s'installe en rangs sur les corniches les plus exposées. Les rochers sont rapidement blanchis par les déjections et une forte odeur de poisson s'en dégage, mais de telles colonies sont un merveilleux spectacle visuel et sonore. En mer, pingouins et guillemots flottent comme des bouchons et plongent pour attraper des poissons. Sous l'eau, ils se propulsent avec leurs ailes et non leurs pattes, comme s'ils volaient derrière leurs proies.

Les deux espèces pondent un seul gros œuf conique qui éclôt après 28-37 jours. Les jeunes quittent la falaise avant de savoir voler.

◁ *Guillemot de Troïl : bec pointu et queue carrée. Taille d'un pigeon, mais plus long. Pattes courtes.*

▷ *Pingouin torda : bec épais et aplati, queue pointue souvent tenue relevée. Vol rectiligne, bas et rapide, avec des battements d'ailes vibrants.*

**OÙ ET QUAND.** Eaux marines du nord-ouest de l'Europe, toute l'année.

Guillemot de Troïl

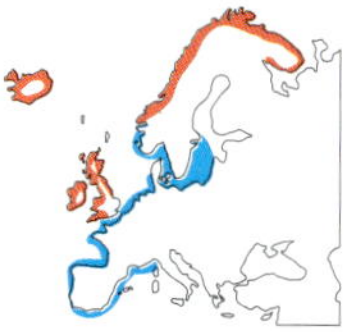

Pingouin torda

**OÙ ET QUAND.** Côtes, de la Bretagne à l'Islande et à la Scandinavie. Toute l'année.

**MILIEUX FAVORIS.** Mer et falaises côtières ; pleine mer, sauf pendant la nidification.

**MILIEUX FAVORIS.** Falaises côtières en été, pleine mer le reste de l'année.

# Macareux moine

*Fratercula arctica*

Le Macareux moine niche en petit nombre sur les côtes bretonnes, mais en Irlande, en Écosse et localement en Scandinavie, on trouve des colonies de plusieurs milliers d'individus. Après la reproduction, les Macareux moines gagnent la haute mer et ne sont visibles de la côte que lors de fortes tempêtes. Au printemps suivant, des groupes réapparaissent soudain le long des rivages, où ils séjournent quelques jours avant de revenir à terre. Ensuite, chaque couple creuse ou restaure un terrier pour y nicher. Certaines grandes colonies sont abandonnées lorsque tout le sol meuble a été enlevé par les macareux. Dans les colonies plus petites, les oiseaux peuvent s'installer entre des rochers.

L'œuf unique éclôt après 39 jours et le jeune quitte le nid de 38 à 65 jours plus tard.

*Taille d'un pigeon. Se tient droit et marche aisément malgré ses courtes pattes. Nage très bien, plonge souvent. Vol bas, rapide et direct avec des battements d'ailes très rapides. Se jette en bas des falaises pour s'envoler. Plane parfois dans les courants ascendants.*

**Où et quand.** Falaises et îles, de la Bretagne à l'Arctique, toute l'année.

**Milieux favoris.** Pentes herbeuses dominant les falaises maritimes, blocs de rochers ; en mer après la nidification.

## OISEAUX SEMBLABLES

**Guillemot de Troïl** et **Pingouin torda**, page 184, plus gros avec une tête et un cou plus allongés. **Mergule nain** (rare en hiver sur les côtes de la Manche), plus petit avec un petit bec et des ailes plus longues.

# Pigeon biset

Le Pigeon biset sauvage est aujourd'hui rare, sauf en Irlande, en Écosse et, semble-t-il, en Corse. Il y a des milliers d'années, il fut domestiqué, et ses descendants – pigeons voyageurs et domestiques – sont retournés à l'état sauvage et ont pris sa place. C'est un bel oiseau, au vol rapide, très bien adapté à la vie dans les falaises, des déserts d'Afrique aux côtes atlantiques. Les troupes de Pigeons bisets effectuent des piqués, des vols planés avec les ailes en V et disparaissent dans les cavités rocheuses. Ils se nourrissent de grains perdus dans les champs de céréales, mais aussi de pousses et de racines dans les prairies rases.

Deux œufs sont pondus sur une corniche de rocher. Ils éclosent après 16-19 jours et les jeunes volent 35 jours plus tard.

*Taille et allure du pigeon voyageur, mais bec plus fin. Pattes courtes – marche en se dandinant. Se perche rarement sur les arbres. Vol rapide, ailes longues et pointues, queue courte et carrée.*

**OÙ ET QUAND.** Côtes de l'extrême nord et de l'extrême ouest de l'Europe, Corse ; certaines falaises continentales. Toute l'année.

**MILIEUX FAVORIS.** Rochers de toutes sortes, grottes, pâturages et champs de céréales à proximité.

## OISEAUX SEMBLABLES

Confusion fréquente avec des **pigeons domestiques**. **Pigeon colombin**, page 190, croupion gris, barres alaires noires plus courtes.

# Pigeon colombin/P. ramier

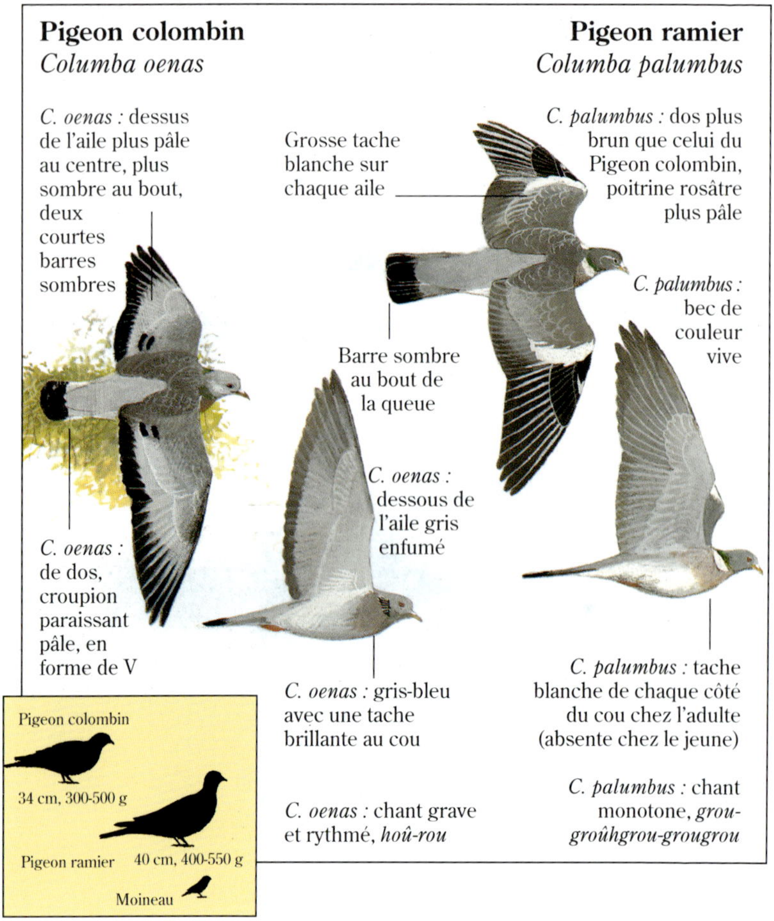


Le Pigeon colombin est répandu, mais rarement abondant, tandis que le Pigeon ramier peut être vu en troupes de plusieurs centaines d'oiseaux, en particulier en automne et en hiver. En ville, le Pigeon ramier est peu farouche et facile à voir dans les parcs et jardins urbains, mais, à la campagne, il est beaucoup plus farouche et discret. Toutefois, les troupes de Pigeons ramiers font partie du paysage campagnard.

Le Pigeon ramier construit son nid de brindilles dans un arbre ou un fourré et pond habituellement 2 œufs qui éclosent après 17-19 jours. Les jeunes volent à partir de 16-35 jours. Le Pigeon colombin niche dans de vieux arbres creux, mais aussi dans des falaises. Ses 2 œufs éclosent après 16-18 jours et les jeunes volent à 27 jours.

◁ *Pigeon colombin : taille et allure d'un pigeon domestique, mais tête et ailes plus rondes.*

▷ *Pigeon ramier : plus gros, ailes, queue et cou plus longs, paraît moins rond en vol. Tous deux se perchent sur les arbres, fils et bâtiments, marchent aisément et ont un vol rapide.*

**Où et quand.** Toute l'Europe, sauf le nord de la Scandinavie ; les oiseaux du nord et de l'est de l'Europe migrent vers l'ouest en hiver.

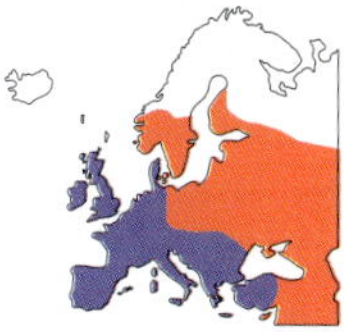

Pigeon colombin

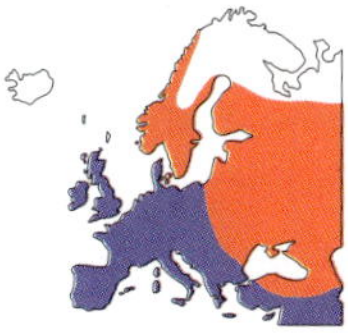

Pigeon ramier

**Où et quand.** Toute l'Europe, sauf l'extrême nord ; les populations orientales se déplacent vers l'ouest en hiver.

**Milieux favoris.** Zones agricoles, bois, falaises, carrières.

**Milieux favoris.** Zones agricoles, bois, grandes villes.

# Tourterelle turque/T. des bois

La Tourterelle turque vit aujourd'hui dans presque toute l'Europe, mais, il y a quelques décennies seulement, elle était rare dans le nord et l'ouest du continent. Au cours de ce siècle, elle a colonisé l'Europe de façon spectaculaire. Elle se nourrit de grains autour des poulaillers, et son chant monotone, *cou-coûh-cou,* est bien connu. La Tourterelle des bois a un chant ronronnant plus doux, qui évoque l'été. Elle va passer l'hiver en Afrique. Au cours des dernières années, elle est devenue plus rare dans une grande partie de l'Europe, peut-être à cause de la modification des paysages ruraux et de la diminution des ressources alimentaires qui en découle.

Les deux espèces pondent 2 œufs qui éclosent après 14-18 jours. Les jeunes s'envolent à 18 jours.

◁ *Tourterelle turque : queue assez longue, ailes arquées et arrondies. Ces deux tourterelles sont plus petites qu'un pigeon de ville, queue longue, corps plus fin, petite tête ronde. Marchent en dandinant de la tête. Vol rapide.*

▷ *Tourterelle des bois : queue plus courte, pointue, ailes coudées et pointues.*

**Où et quand.** Presque toute l'Europe, toute l'année.

Tourterelle turque

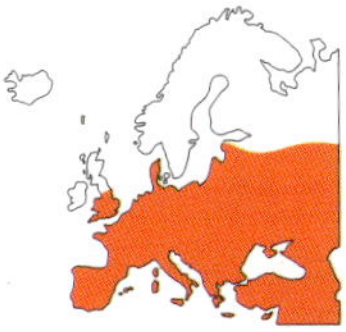

Tourterelle des bois

**Où et quand.** Toute l'Europe, sauf l'Irlande, l'Écosse, l'Islande et la Scandinavie ; d'avril à septembre.

**Milieux favoris.** Jardins, lisières de forêts, parcs urbains avec arbres à feuillage persistant.

**Milieux favoris.** Zones agricoles et landes avec des haies, bosquets.

# Coucou gris

*Cuculus canorus*

Au posé, queue souvent relevée entre les ailes tombantes

Chant du mâle bien connu, *cou-cou ;* la femelle a un cri glougloutant

Pour la plupart des gens, le Coucou gris est seulement une voix printanière, l'oiseau étant, quant à lui, totalement inconnu. Pourtant, en se rapprochant des *cou-cou,* on observera un grand oiseau posé en vue sur un fil (ou caché dans le feuillage d'un arbre) ou traversant une clairière d'un vol bas et rapide. Le Coucou gris habite les terrains dégagés parsemés d'arbres, les bois clairs et les roselières. La femelle repère les nids de pipits, rousserolles, rougegorges… dans lesquels elle remplace un œuf par le sien. Quand l'œuf éclôt, après 12 jours seulement, le jeune coucou jette les autres œufs (ou poussins) hors du nid pour manger toute la nourriture apportée par ses parents adoptifs. Il s'envole environ à 19 jours. Curieusement, il trouve tout seul le chemin de l'Afrique.

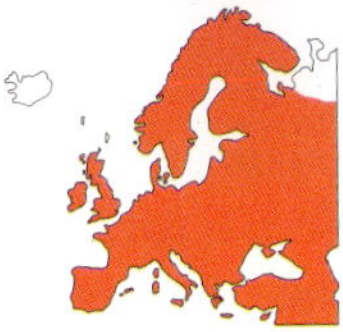

*Taille d'un pigeon, ailes et queue longues. En vol, petite tête relevée, ailes larges à la base et pointues au bout. Queue souvent étalée. Se perche avec les ailes tombantes, la queue balançant latéralement. On l'entend souvent, mais il se montre peu.*

**Où et quand.** D'avril à septembre, dans toute l'Europe.

**Milieux favoris.** Landes buissonneuses, marais, lisières forestières, bocages, roselières.

## OISEAUX SEMBLABLES

**Épervier d'Europe**, page 94, queue plus étroite sans points, ailes arrondies au bout.
**Faucon crécerelle**, page 100, queue plus fine, ailes plus longues, tête trapue.

# Effraie des clochers

L'Effraie des clochers est un oiseau populaire, bien qu'on le voie très peu souvent. C'est une chouette assez grande, qui paraît en grande partie blanche, notamment quand elle est éclairée de dessous par les lampadaires. Elle affectionne les lieux avec de l'herbe clairsemée où les campagnols et les mulots abondent et où elle peut les capturer facilement. Elle vole à faible hauteur, cherchant à repérer un bruit ou un mouvement, et plonge sur sa proie, les serres en avant. Dans l'obscurité, elle chasse surtout à l'ouïe, c'est pourquoi ses plumes sont si souples et son vol tellement silencieux.

Niche dans un trou d'arbre ou le grenier d'un vieux bâtiment. Les 4 à 7 œufs blancs éclosent après 30-31 jours et les jeunes volent 50-55 jours plus tard.

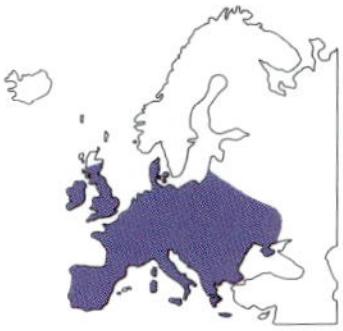

*Plus grosse qu'un pigeon, ailes larges. Grosse tête ronde, corps allongé et longues pattes. En vol, ailes larges à la base et étroites au bout. Vol bas, rapide avec de fréquents virages. Vol sur place avant de plonger sur sa proie. Se perche souvent sur les poteaux et les toits.*

**OÙ ET QUAND.** Toute l'année, toute l'Europe, sauf la Scandinavie.

**MILIEUX FAVORIS.** Zones agricoles avec des pâtures, des prairies et des haies, marais, landes côtières.

## OISEAUX SEMBLABLES

La nuit, les autres chouettes et hiboux peuvent paraître blancs dans la lumière des phares des voitures.
**Hibou moyen-duc**, page 202, plus rayé dessous, taches sombres aux poignets.

# Chevêche d’Athéna

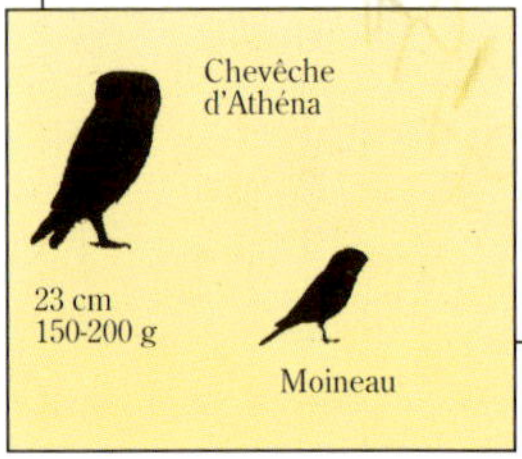


La Chevêche d’Athéna est répandue en Europe centrale et méridionale, ainsi qu’en Afrique du Nord. Elle est toutefois en déclin sur l’ensemble de son aire de répartition. Elle se nourrit de vers de terre, d’insectes – coléoptères, sauterelles, criquets… –, de petits oiseaux et de rongeurs, capturés après le crépuscule, bien qu’elle soit aussi active de jour. Elle occupe les mêmes sites durant de nombreuses années et prend souvent le soleil sur les mêmes perchoirs en attendant l’obscurité pour partir en chasse. Dérangée, la Chevêche d’Athéna gonfle son plumage pour paraître plus grosse, et tourne la tête dans tous les sens pour mieux voir.

Les 2 à 5 œufs sont pondus dans une cavité profonde. Ils éclosent après 27-28 jours et les jeunes s’envolent à 30-35 jours.

*Taille d'une grive, mais plus massive. Pattes très courtes. Tête large et aplatie. En vol, ailes larges et arrondies. Vol rapide, onduleux. De jour, se perche à découvert sur les arbres, les granges, les poteaux, où elle est souvent harcelée par les petits oiseaux.*

**Où et quand.** Toute l'année, dans toute l'Europe, sauf la Scandinavie, l'Islande, l'Écosse et l'Irlande.

**Milieux favoris.** Zones agricoles traditionnelles, collines pierreuses sèches, bordure des landes.

## OISEAUX SEMBLABLES

Les autres chouettes communes sont plus grandes.
**Chouette hulotte**, page 200, beaucoup plus grande, yeux sombres.
**Hibou moyen-duc**, page 202, ailes beaucoup plus longues, yeux orange, aigrettes sur la tête.

# Chouette hulotte

La Chouette hulotte est grosse, massive et lourde. C'est un oiseau forestier qui reste sur son petit territoire toute l'année. Certains rapaces nocturnes, comme le Hibou moyen-duc et l'Effraie des clochers, chassent juste une ou deux espèces de campagnols ou de mulots et élèvent de nombreux jeunes certaines années et aucun d'autres années, selon l'abondance de leurs proies. En revanche, la Chouette hulotte a tendance à manger des proies très variées et élève des jeunes chaque année sans grandes fluctuations. Au nid, elle peut être agressive, n'hésitant pas à attaquer l'homme et pouvant être dangereuse à l'occasion, mais, le reste du temps, elle est inoffensive.

Les 2 à 5 œufs blancs éclosent après 28-30 jours et les jeunes s'envolent à 32-37 jours.

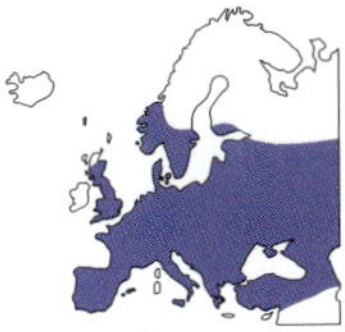

*Plus grosse qu'un pigeon. Structure massive avec une grosse tête ronde et un corps épais. Gagne un perchoir dégagé après la tombée de la nuit. Vole avec des battements d'ailes rapides. Se signale de nuit par ses cris et son chant.*

**OÙ ET QUAND.** Toute l'année, toute l'Europe, sauf l'extrême nord et l'Irlande.

**MILIEUX FAVORIS.** Boisements de tous types, grands jardins, parcs.

## OISEAUX SEMBLABLES

**Hibou des marais**, page 202, ailes longues, yeux jaunes.
**Hibou moyen-duc**, page 202, ailes plus longues, yeux orange, mais silhouette parfois semblable quand les aigrettes sont rabattues.

# Hibou moyen-duc/H. des marais

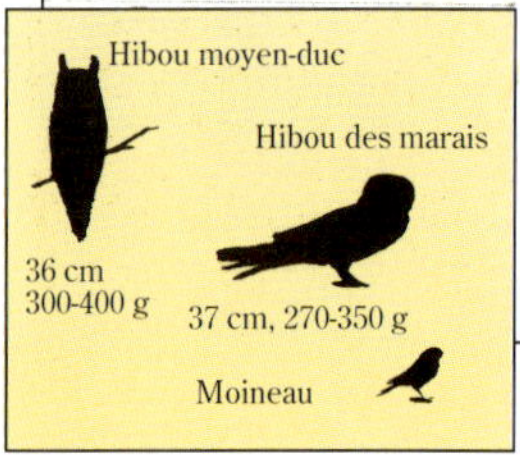


Ces deux magnifiques rapaces nocturnes sont très semblables. Le Hibou des marais est le plus facile à voir, car il chasse au crépuscule ou même pendant la journée, volant alors à faible hauteur au-dessus du sol d'un vol léger et souple. Le Hibou moyen-duc préfère passer la journée au plus épais d'un fourré et sort chasser à la nuit tombée. En hiver, il forme des dortoirs pouvant compter plusieurs dizaines d'individus dans un seul arbre, bien qu'un ou deux seulement soient visibles. Les deux espèces chassent les petits campagnols dont l'abondance varie d'une année sur l'autre. Leur nombre varie donc aussi d'année en année en un même lieu.

Le Hibou moyen-duc pond de 3 à 5 œufs dans un ancien nid d'oiseau. Le Hibou des marais en pond de 4 à 8 au sol.

▷ *Hibou des marais*

*Longues ailes, queue courte, grosse tête, yeux pâles chez les deux espèces. En vol, ailes un peu plus longues chez le Hibou des marais. Aigrettes longues et bien visibles chez le Hibou moyen-duc, courtes et rarement visibles chez le Hibou des marais.*

▷ *Hibou moyen-duc*

**Où et quand.** Toute l'Europe, excepté le nord de la Scandinavie, toute l'année.

Hibou moyen-duc

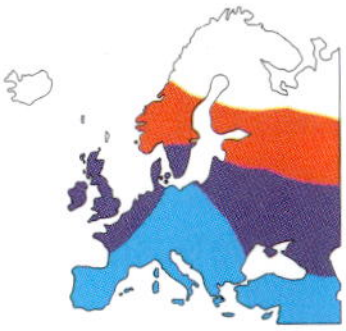

Hibou des marais

**Où et quand.** Sporadique en France, plus abondant en Scandinavie et en Écosse, plus répandu d'octobre à avril.

**Milieux favoris.** Bois, bosquets, fourrés près des marais.

**Milieux favoris.** Landes, marais, terrains cultivés plats.

# Engoulevent d'Europe

*Caprimulgus europaeus*

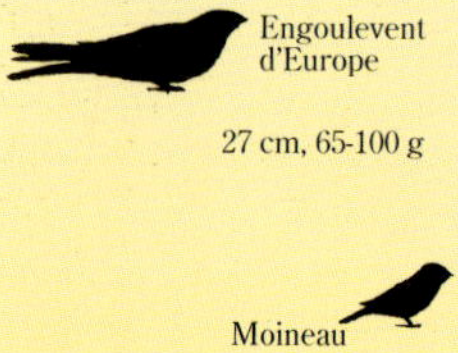


Vol habituellement à faible hauteur ou à la cime des arbres, jamais haut dans le ciel

Cri nasillard et sonore, *hou-ît ;* ronronnement grave et mécanique

De tous les oiseaux européens, l'Engoulevent d'Europe est l'un des plus remarquables et des plus particuliers. Il ressemble à une chouette, mais, dès qu'il s'envole, il révèle des ailes et une queue longues bien différentes de toutes les chouettes et un vol léger, sautillant et capricieux. Il apparaît au crépuscule, survole les landes et les clairières forestières, attrapant des insectes volants avec sa large bouche. Le mâle a aussi un chant fantastique, sorte de ronronnement grave, rappelant un cyclomoteur lointain et changeant soudain de tonalité. À la fin du chant, l'oiseau s'envole souvent en faisant claquer ses ailes. C'est une espèce étrange et fascinante.

Deux œufs sont pondus à même le sol. Ils éclosent après 17-18 jours et les jeunes s'envolent 16-17 jours plus tard.

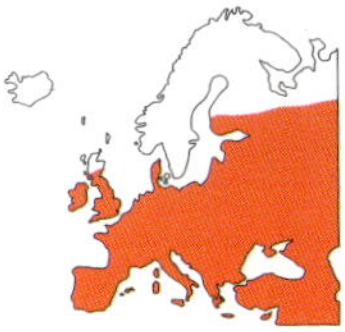

*Taille d'une grive, mais ailes et queue beaucoup plus longues. Solitaire. Grosse tête aplatie, bec minuscule (mais bouche immense). Pattes minuscules. Longues ailes étroites, queue paraissant large, arrondie au bout. Passe la journée posé au sol ou sur une branche morte.*

**Où et quand.** De mai à août, toute l'Europe, sauf le nord de la Scandinavie.

**Milieux favoris.** Landes, bois avec larges clairières, tourbières.

## OISEAUX SEMBLABLES

Les **rapaces nocturnes** ont tous une queue courte et un corps massif.
**Martinet noir**, page 206, beaucoup plus fin, ailes plus étroites, vol haut dans le ciel.

# Martinet noir

Le Martinet noir est un oiseau fabuleux, qui quitte le nid à l'âge de quelques semaines, passe ensuite plusieurs jours à survoler de très haut la colonie de nidification, avant de migrer vers l'Afrique. Là-bas, il passe tous les jours et toute la journée en vol et dort probablement aussi en volant de nuit. Il ne revient en Europe qu'à l'âge de trois ans et c'est à cette occasion qu'il se pose pour la première fois. On le confond souvent avec les hirondelles, mais il est pourtant très différent, avec des ailes plus raides, un vol plus acrobatique, et jamais de moments de repos.

Il niche dans une profonde cavité d'un bâtiment ou d'une falaise. Les 2 ou 3 œufs éclosent après 20 jours et les jeunes s'envolent de 35 à 47 jours plus tard.

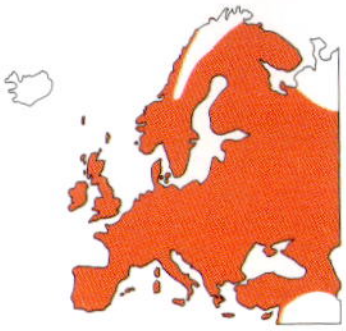

*Petit avec de très longues ailes. Tête courte et large, bec minuscule. Pattes très petites. Ailes longues en forme de faucille. Queue échancrée. Toujours en l'air, souvent en troupes bruyantes cerclant à grande hauteur ou rasant les toits à toute vitesse.*

**OÙ ET QUAND.** De fin avril à août, toute l'Europe.

**MILIEUX FAVORIS.** Plein ciel, au-dessus des villages, villes, marais, lacs.

OISEAUX SEMBLABLES

**Hirondelle rustique**, page 236, queue beaucoup plus longue, ailes larges, vol plus lent, plus léger.
**Hirondelle de fenêtre**, page 234, ailes courtes, dessous blanc, vol papillonnant.
**Martinet à ventre blanc**, page 208, plus grand, ventre blanc.

# Martinet à ventre blanc

Le Martinet à ventre blanc est plus grand, plus lourd et beaucoup plus puissant que le Martinet noir. La montagne et les falaises constituent son domaine : on le voit tournoyer au-dessus des pics ou s'engouffrer rapidement dans les gorges encaissées. Très à l'aise en l'air, il chasse les insectes volants et dort probablement en vol. Comme le Martinet noir, il migre chaque automne vers l'Afrique, traversant la Méditerranée et le Sahara. Des troupes peuvent être observées dans les villes d'Europe méridionale, parfois en compagnie d'autres martinets ; la grande envergure du Martinet à ventre blanc est alors très évidente.

Trois œufs sont pondus dans une cavité de falaise ou d'un bâtiment. Ils éclosent après 20 jours et les jeunes volent 45-55 jours plus tard.

*Taille d'une grive, mais fin avec de très longues ailes. Petite tête, bec et pattes minuscules. Ailes longues, étroites, mais larges à la base. Queue échancrée. Ne se perche jamais, sauf pour accéder à son nid, dans un trou de falaise ou de mur.*

**OÙ ET QUAND.** D'avril à septembre, Europe méridionale, au nord jusqu'aux Alpes.

**MILIEUX FAVORIS.** Falaises, gorges, villes et châteaux.

OISEAUX SEMBLABLES

**Martinet noir**, page 206, plus petit, plus fin, présente très rarement du blanc au ventre.
**Faucon hobereau**, page 104, plus gros, plus sombre.

# Martin-pêcheur d'Europe

*Alcedo atthis*

En voyant un Martin-pêcheur d'Europe pour la première fois, on est surpris par sa taille : il n'est pas plus gros qu'un moineau. On est également étonné par la difficulté à le repérer : il a beau être coloré, il ne se détache pas forcément sur son environnement. Le meilleur moyen pour voir le Martin-pêcheur d'Europe est de se guider aux sifflements aigus qu'il pousse en volant au ras de l'eau. Le dos bleu pâle brillant est la partie du plumage la plus visible en vol.

Le Martin-pêcheur d'Europe niche au fond d'un terrier d'un mètre de long, qu'il creuse dans une berge sableuse. Les 6 ou 7 œufs éclosent après 19-21 jours et les jeunes volent 23-27 jours plus tard. Les jeunes apprennent à pêcher seuls, car leurs parents peuvent être occupés à élever une seconde nichée.

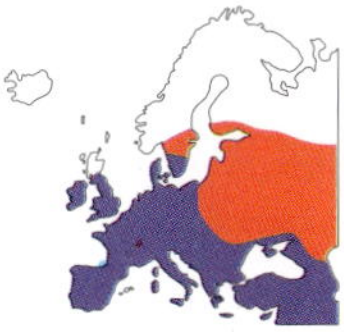

*Plus petit qu'une grive ; taille et silhouette d'un étourneau, mais pattes minuscules, queue très courte, long bec épais. Se perche bien droit ou penché en avant. Vol sur place au-dessus de l'eau. Vol bas et direct, rapide et lourd. Souvent repéré à ses cris aigus.*

**Où et quand.** Toute l'année, toute l'Europe, sauf la Scandinavie.

**Milieux favoris.** Rivières peu profondes, lacs, gravières en eau, marais salants.

## OISEAUX SEMBLABLES

Aucun oiseau n'est aussi trapu, avec une grosse tête, ni aussi coloré (sauf le **Rollier** et le **Guêpier d'Europe**, page 212, beaucoup plus grands).

# Guêpier d'Europe

*Merops apiaster*

Ailes tendues et tenues à plat en vol ; plane et cercle, accélérant pour attraper des insectes

Cri sonore, liquide et roulé, *crruc*

Rien n'évoque plus la Méditerranée en été que les formes élégantes et colorées d'un Guêpier d'Europe, ou mieux encore, d'un groupe de Guêpiers d'Europe. On en voit en effet souvent dix ou vingt, perchés sur des fils ou des branches mortes et volant au-dessus des terrains dégagés en capturant des insectes. En vol, ils crient constamment, et leurs cris roulés s'entendent de très loin. Le Guêpier d'Europe se nourrit de guêpes et d'abeilles, et devrait donc être immunisé contre leurs piqûres : mais il prend soin d'enlever le dard et le venin de ses proies en les frappant sur une branche avant de les avaler.

Les 6 ou 7 œufs sont pondus au fond d'un terrier creusé dans un talus sableux. Ils éclosent après 20 jours et les jeunes s'envolent à l'âge de 20-25 jours.

*Taille d'une grive, mais long et fin. Longue queue avec une fine pointe au centre chez l'adulte. Ailes droites et pointues. Vol léger avec de longs vols planés, ailes tendues. Bec assez long, pointu et un peu arqué, pattes très courtes. Sociable.*

**Où et quand.** D'avril à septembre, Espagne, sud de la France (localement plus au nord), Italie.

**Milieux favoris.** Terrains dégagés avec buissons, fils et arbres isolés.

OISEAUX SEMBLABLES

**Rollier d'Europe**, beaucoup plus grand, plus massif.
**Hirondelles**, pages 230 à 236, plus petites, sombres, beaucoup moins colorées.

# Huppe fasciée

*Upupa epops*

La Huppe fasciée est un oiseau typiquement méditerranéen qui, en été, atteint toutefois la Baltique au nord. En France, elle est répandue, mais en déclin. Malgré le fort contraste noir, blanc et rose sable de son plumage, la Huppe fasciée n'est pas facile à repérer lorsqu'elle marche au sol, notamment dans les lieux sableux où les fleurs d'été et les pierres rompent la monotonie du sol. Dans l'herbe rase, qu'elle apprécie beaucoup, elle est un peu plus visible. En vol, elle dévoile son beau plumage. Elle se nourrit de larves qu'elle trouve dans le sol meuble et dans les bouses de vaches.

La Huppe fasciée pond 7 ou 8 œufs dans les trous d'arbre ou de vieux bâtiments. Ils éclosent après 15-16 jours seulement et les jeunes s'envolent à 26-29 jours.

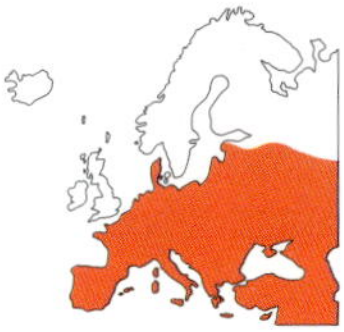

*Plus grosse qu'une grive. Mince avec une grosse tête et une huppe en éventail érectile. Bec long, fin, légèrement arqué. Pattes courtes, mais marche aisée et rapide. Sonde le sol avec son bec. Vol rapide, bas, avec des battements d'ailes papillonnants, ailes larges.*

**OÙ ET QUAND.** De mars à septembre, Europe centrale et méridionale.

**MILIEUX FAVORIS.** Lisières forestières, champs secs, lieux ensoleillés à proximité de murs et de haies, landes.

## OISEAUX SEMBLABLES

Aucun autre oiseau n'est aussi fortement barré et ne possède une telle huppe.
**Geai des chênes**, page 322, noir et blanc sur les ailes et la queue, mais pas de huppe, corps et bec massifs.

# Torcol fourmilier

Apparenté aux pics, le Torcol fourmilier ressemble plutôt à une sorte de fauvette ou de grive. De près, son plumage révèle un mélange complexe de gris, de bruns et de chamois, avec des stries et des barres noires. De loin, il paraît pâle et peut être difficile à distinguer sur une branche morte ou près d'un mur de pierres, où il recherche des fourmis. Il passerait totalement inaperçu si ses cris sonores et nasillards n'attiraient l'attention au printemps. Bien qu'il s'agisse d'un oiseau des boisements clairs continentaux, on le voit souvent sur les côtes à l'automne, loin de ses lieux de nidification, lors de sa grande migration vers l'Afrique.

Les 7 à 10 œufs, pondus dans une cavité, éclosent après 12-14 jours et les jeunes s'envolent à 18-22 jours.

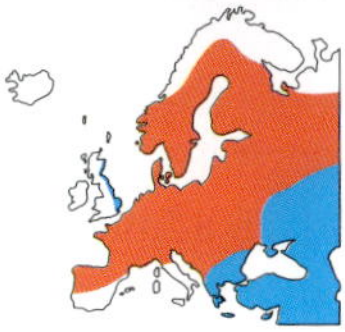

*Plus petit qu'une grive. Petit bec fin. Grosse tête, plumes souvent hérissées. Cou très mobile. Queue longue et large dépassant nettement les ailes. Pattes courtes et puissantes lui permettant de s'agripper fermement à l'écorce des arbres. Sautille aussi au sol.*

**Où et quand.** Du printemps à l'automne, une grande partie de l'Europe continentale ; sur les côtes lors des migrations.

**Milieux favoris.** Vieilles forêts claires, bocages, vergers, friches avec arbres morts.

## OISEAUX SEMBLABLES

**Engoulevent d'Europe**, page 204, plus grand, bec et pattes minuscules, se déplace difficilement au sol.
Aucune **fauvette**, pages 284 à 290, n'a un plumage aussi complexe.

# Pic vert

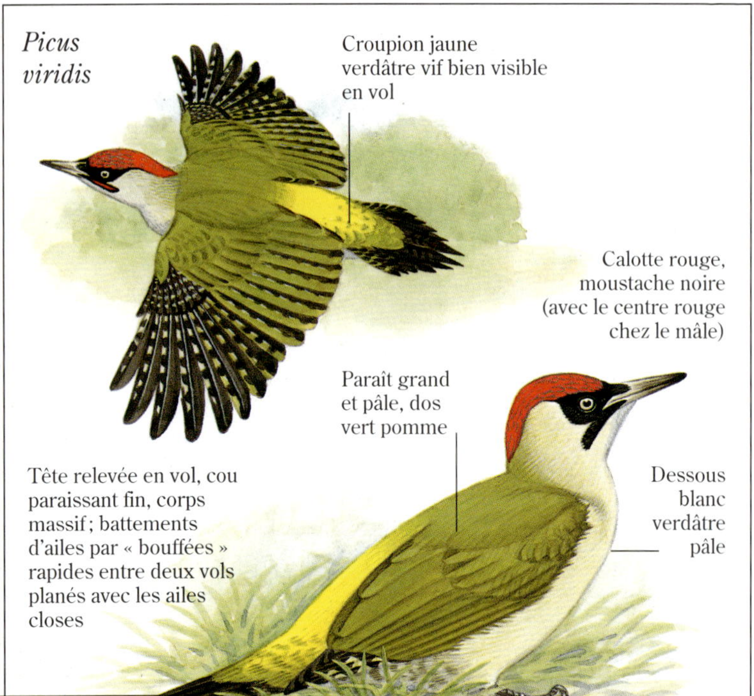

La plupart des pics se nourrissent à l'occasion de fourmis, mais le Pic vert est un vrai spécialiste, mangeant des fourmis adultes et des larves toute l'année, et les déterrant même sous la neige. Il explore aussi l'écorce et le bois mort pour y trouver des larves de coléoptères, mais se nourrit principalement au sol. On le voit souvent à plusieurs centaines de mètres des arbres, mais il s'envole au moindre dérangement, souvent en poussant des cris sonores, et se réfugie dans l'arbre le plus proche. Le « chant » est semblable au cri, en plus musical, puissant et flûté, et résonne dans les bois. Contrairement aux autres pics, il tambourine rarement.

Les 5 à 7 œufs, pondus dans une cavité creusée dans un arbre, éclosent après 17-19 jours. Les jeunes s'envolent à 23-27 jours.

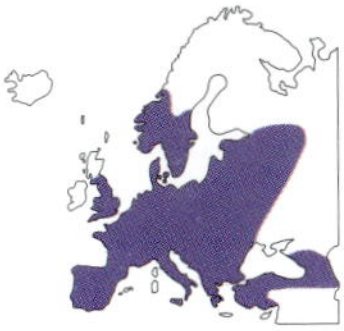

*Plus gros et plus élancé qu'une grive. Grosse tête et cou fin. Queue courte et rigide. Pattes courtes, mais sautille aisément au sol et dans les arbres. Ailes courtes et arrondies. Vol rapide et très onduleux. Se nourrit souvent au sol. Loquace.*

**Où et quand.** Toute l'année, toute l'Europe, sauf le nord de la Scandinavie et l'Irlande.

**Milieux favoris.** Forêts de feuillus et forêts mixtes, landes, terrains secs à l'abandon.

## OISEAUX SEMBLABLES

**Loriot d'Europe** femelle, page 377, semblable, mais bec court, queue carrée, ailes plus longues et vol de grive.

# Pic noir

*Dryocopus martius*

Tout noir, sauf la tête

Silhouette de pic typique

Calotte rouge (mâle) ou nuque rouge (femelle)

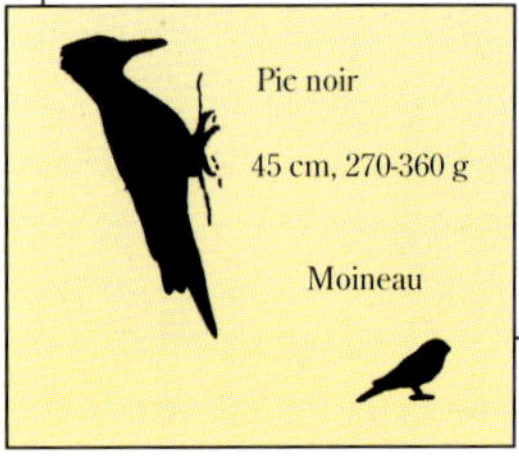


Cris aigus en série et long sifflement plaintif, *klieuuuh*

Iris pratiquement blanc

Le Pic noir est le plus grand pic d'Europe. Il est de la taille d'une corneille et entièrement noir avec du rouge vif sur la tête. En vol, il a à la fois une allure de corneille et de cormoran et un vol de pic à part entière : l'ensemble lui confère une allure très particulière. Quand il creuse le bois à la recherche de larves avec son puissant bec ivoire, il est très puissant et tenace. Les gros trous creusés par le Pic noir pour nicher ont une forme ovale et sont un bon indice de sa présence. En été, une zone usée par la queue sous le trou indique que la cavité est occupée. En hiver, il est plus difficile à voir et vagabonde dans les bosquets.

Les 4 à 6 œufs éclosent après 12 jours et les jeunes s'envolent 24 à 28 jours plus tard.

*Taille d'une corneille. Grosse tête anguleuse, cou fin et bec en ciseau. Iris pâle typique. Se tient habituellement contre les troncs d'arbres, mais descend aussi souvent au sol. Prend appui sur sa queue pour grimper aux troncs. Vol puissant, peu onduleux.*

**OÙ ET QUAND.** La plupart de l'Europe continentale, toute l'année.

**MILIEUX FAVORIS.** Grandes forêts de conifères en montagne, forêts de plaine, mixtes, de feuillus ou de conifères.

OISEAUX SEMBLABLES

Attention aux **Corneilles noires** (page 330), **Corbeaux freux** et **Choucas des tours** (page 328) : aucun n'a de rouge sur la tête, mais le Choucas des tours niche aussi dans des trous d'arbres.

# Pic épeiche

Il existe six espèces de pics bigarrés en Europe, le Pic épeiche étant de loin le plus répandu et le plus commun. C'est un oiseau très contrasté, extrêmement familier, mais assez secret et passant donc souvent inaperçu. Son cri est un indice utile et, au printemps, il tambourine de façon sonore en frappant très rapidement avec son bec contre un arbre mort. Il grimpe aux troncs en prenant appui sur sa queue rigide et ses pattes puissantes et redescend à reculons. Il peut aussi se tenir sous les branches. Il visite régulièrement les points de nourrissages hivernaux, où il mange graines de tournesol et graisse.

Comme les autres pics, il creuse une cavité dans un arbre pour nicher. Les 4 à 7 œufs éclosent après 10-13 jours et les jeunes s'envolent à 20-24 jours.

*Taille d'un merle. Bec puissant, pattes très courtes. Se déplace en sautillant. Vol puissant, rapide et très onduleux. Cri sonore attirant l'attention. Frappe bruyamment le bois quand il se nourrit. Se suspend aux cônes pour en extraire les graines.*

**Où et quand.** Toute l'année, répandu presque partout en Europe.

**Milieux favoris.** Tous types de boisements, des fourrés aux vieilles forêts.

OISEAUX SEMBLABLES

**Pic épeichette**, page 224, beaucoup plus petit, plus barré, sans rouge sous la queue.
**Pic mar**, plus petit, calotte toute rouge, dessous de la queue rose et non rouge.

# Pic épeichette

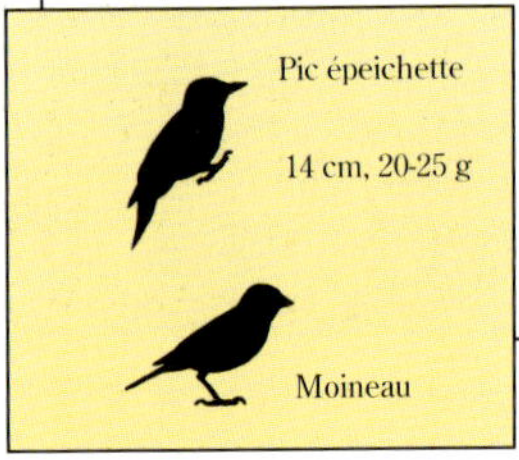


C'est un véritable pic, de couleur noir, blanc et rouge comme de nombreuses espèces de pics à travers le monde. Mais il est nettement plus petit et, contrairement aux autres espèces, il se déplace surtout dans les branchettes à la cime des arbres. Il est discret et passe souvent inaperçu, mais il se signale toutefois par ses cris aigus. On l'entend d'habitude chanter une ou deux fois au sommet d'un arbre, puis d'un autre, sans l'avoir vu se déplacer. Quand on parvient à le voir dans de bonnes conditions, le mâle révèle sa calotte rouge vif.

Le Pic épeichette creuse une cavité pour nicher, souvent dans un arbre tendre, situé en général près de l'eau ou en terrain humide. Les 4 à 6 œufs éclosent après 11-12 jours et les jeunes s'envolent 18 à 20 jours plus tard.

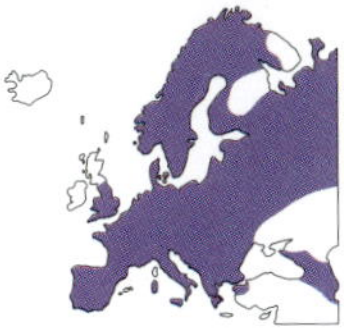

*Taille d'un moineau. Queue légèrement pointue au bout. Pattes très courtes. Sautille et volette le long des branches et parmi les brindilles. Tambourine plus longuement et moins fort que le Pic épeiche. Vol bondissant du pic, mais silhouette rappelant une mésange.*

**Où et quand.** Toute l'année, Europe, sauf le sud de l'Espagne et l'Irlande.

**Milieux favoris.** Vieux bois, haies à grands arbres, parcs.

OISEAUX SEMBLABLES

**Pic épeiche**, page 222, beaucoup plus grand, tache blanche de chaque côté du dos, bas-ventre rouge.
**Pic mar**, plus gros, bas-ventre rose, tache blanche aux épaules.

# Cochevis huppé

*Galerida cristata*

Vol doux, élastique, souvent à faible hauteur

Cri flûté fréquent, *uih-u*

Devenu rare en Europe de l'Ouest, où il était autrefois fréquent, le Cochevis huppé est encore abondant dans les régions méditerranéennes. On le voit perché sur les murs et les bergeries, trottant le long des routes ou courant rapidement sur les terrains sableux, s'arrêtant fréquemment pour pousser son sifflement flûté. Il relève souvent sa courte huppe pointue avant de s'envoler en souplesse sur ses ailes larges et arrondies. Au printemps, il vole haut dans le ciel en chantant une version longue de son cri, moins variée que le pot-pourri de l'Alouette des champs. Très sédentaire, le Cochevis huppé est rare en dehors des zones où il niche.

Il pond de 3 à 5 œufs dans un nid au sol. L'éclosion a lieu après 11-13 jours et les jeunes s'envolent à 15 jours.

*Petit, compact. Queue courte, ailes courtes et arrondies. Huppe pointue pouvant être dressée ou rabattue en arrière. Bec épais. Marche et court avec aisance. Se nourrit au sol, se perche rarement sur les buissons ou les arbres, mais souvent sur les bâtiments.*

**Où et quand.** De la France et des Pays-Bas à l'Europe centrale et l'Espagne. Toute l'année.

**Milieux favoris.** Terrains sableux, champs de céréales, coteaux chauds et secs.

## OISEAUX SEMBLABLES

**Alouette des champs**, page 228, habituellement plus brune avec un plastron de fines stries sombres, huppe arrondie, bord postérieur des ailes blanc.
**Alouette lulu**, page 378, queue et ailes plus contrastées.

# Alouette des champs

*Alauda arvensis*

Cri bref et roulé, *tchiri ;* chant rapide et liquide pouvant être ininterrompu durant plusieurs minutes, souvent en vol

L'Alouette des champs est un petit oiseau très connu et apprécié. Pourtant, ce n'est pas son plumage brun strié qui fait qu'on l'apprécie, mais son chant unique, très varié et très mélodieux, qui évoque l'été. L'Alouette des champs est en déclin presque partout en Europe, mais demeure l'un des passereaux européens les plus abondants. Elle fuit tellement les arbres et les buissons qu'elle évite même les bords des champs entourés de murs ou de haies, et se sent surtout à l'aise bien à découvert. Elle chante, non pas d'un perchoir, mais en effectuant un long vol stationnaire haut dans le ciel, semblant alors suspendue à un fil invisible.

Elle niche au sol, pondant de 3 à 5 œufs qui éclosent après 11 jours. Les jeunes s'envolent à 18 jours.

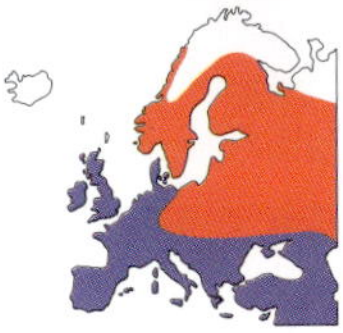

*Plus grosse qu'un moineau, plus petite qu'une grive. Compacte, queue courte et carrée, ailes assez longues. Marche et court avec aisance. Se perche sur les murs, mais rarement sur les arbres ou les buissons. Vol direct ou onduleux.*

**OÙ ET QUAND.** Toute l'année, dans toute l'Europe.

**MILIEUX FAVORIS.** Tous types de milieux ouverts, zones cultivées, landes.

## OISEAUX SEMBLABLES

**Cochevis huppé**, page 226, longue huppe pointue.
**Alouette lulu**, page 378, ailes arrondies, queue courte, pas de blanc à l'arrière de l'aile.
**Pipits**, pages 238 et 240, plus élancés.

# Hirondelle de rivage

*Riparia riparia*

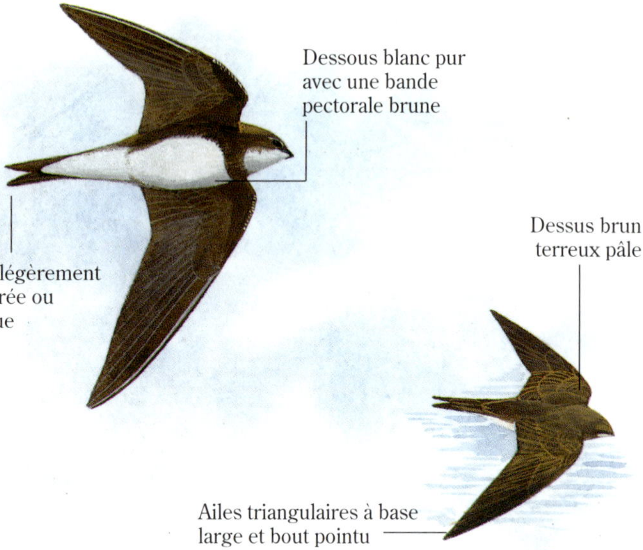


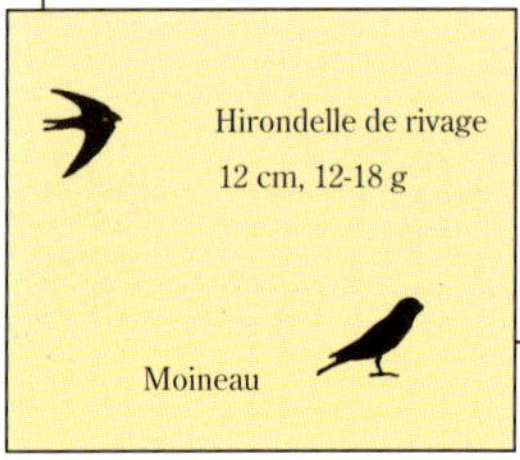


Dans les années 1970, la sécheresse en Afrique a causé la mort de nombreuses Hirondelles de rivage. Affaiblies par le manque de nourriture, elles avaient du mal à retraverser le Sahara lors de leur migration printanière. Aujourd'hui, l'espèce a reconstitué ses effectifs. La sécheresse s'est atténuée, mais il semble aussi que les Hirondelles de rivage sont aujourd'hui plus petites, peut-être plus résistantes qu'elles n'étaient. Les différences sont très faibles, mais traduisent une évolution rapide de l'espèce. Au début du printemps, les Hirondelles de rivage se rassemblent souvent au-dessus de l'eau où les insectes abondent.

Les 4 à 6 œufs, pondus dans un terrier creusé dans un talus sableux, éclosent après 14-15 jours. Les jeunes s'envolent à 22 jours.

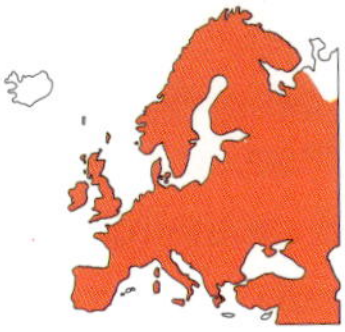

*Plus petite qu'un moineau. Ailes longues, queue échancrée. Pattes minuscules. Se perche aisément, souvent sur des fils ou des arbres morts, mais marche mal. Vol rapide et papillonnant avec les ailes coudées vers l'arrière. D'habitude en petits groupes. Cris incessants.*

**Où et quand.** De mars à septembre, dans toute l'Europe.

**Milieux favoris.** Talus, berges sableuses des lacs et rivières, sablières.

OISEAUX SEMBLABLES

**Martinet noir**, page 206, beaucoup plus grand, plus sombre.
**Martinet à ventre blanc**, page 208, beaucoup plus grand, plus puissant, ailes plus longues.
**Hirondelle de rochers**, page 232, plus grosse, plus sombre, vol plus assuré.

# Hirondelle de rochers

*Hirundo rupestris*

Les hirondelles sont de fins voiliers, mais l'Hirondelle de rochers est peut-être le meilleur d'entre eux. On la connaît moins que les Hirondelles rustique et de fenêtre, parce qu'elle vit dans des endroits plus retirés. C'est un oiseau discret, pas très voyant, mais on peut voir parfois un ou deux couples posés sur une corniche rocheuse et poussant de petits cris roulés. Contrairement aux autres hirondelles, l'Hirondelle de rochers reste dans le sud de l'Europe en hiver. Quittant ses quartiers d'été sauvages, elle descend alors dans les vallées abritées.

Le nid est fait de boue, comme celui de l'Hirondelle de fenêtre, mais a davantage la forme d'une demi-coupe. Les 3 à 5 œufs éclosent après 13-17 jours et les jeunes s'envolent 24-27 jours plus tard.

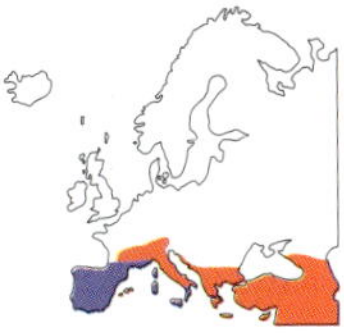

*Taille d'une Hirondelle rustique. Queue courte, ailes longues, larges et pointues, tenues plutôt droites. Vol remarquablement léger et acrobatique, souvent au ras des falaises. Se perche sur les rochers. Fréquente en montagne et dans les gorges.*

**Où et quand.** La plupart de l'année en Europe méridionale, été seulement dans les Alpes.

**Milieux favoris.** Montagnes, falaises, rivières, gorges.

## OISEAUX SEMBLABLES

**Hirondelle de rivage**, page 230, plus petite, plus pâle, vol papillonnant.
**Martinet à ventre blanc**, page 208, beaucoup plus grand, ailes plus longues.

# Hirondelle de fenêtre

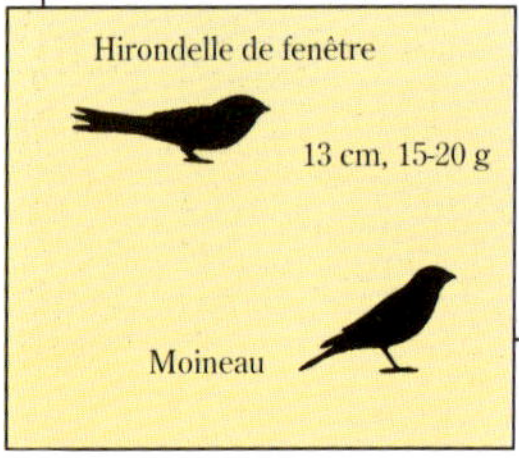


Peu d'oiseaux sont aussi connus et populaires que l'Hirondelle de fenêtre – il est vrai qu'elle niche contre les maisons. Toutefois, elle fait parfois des saletés sous son nid, ce qui la rend alors plutôt indésirable. Le Martinet noir, l'Hirondelle rustique et l'Hirondelle de fenêtre sont souvent confondus, bien qu'ils soient très différents. De ces trois espèces, l'Hirondelle de fenêtre est la seule à construire un nid de boue suspendu et à avoir le croupion blanc. Toutefois, en Europe méridionale – et par endroit dans les Alpes – de nombreux nids sont installés non pas sur des bâtiments, mais dans des falaises, aux côtés de ceux des Hirondelles de rochers.

Les 3 à 5 œufs éclosent en 14-16 jours et les jeunes s'envolent à 22-32 jours.

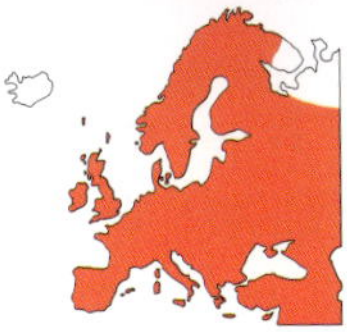

*Plus petite que l'Hirondelle rustique. Ailes triangulaires, courtes et assez larges. Queue faiblement échancrée. Pattes minuscules couvertes de plumes blanches. Bec minuscule. Se perche sur les fils, les toits, mais pas les arbres. Se nourrit en vol.*

**Où et quand.** De mars à octobre, dans toute l'Europe.

**Milieux favoris.** Villes et villages, lacs, grands bâtiments.

## OISEAUX SEMBLABLES

**Hirondelle rustique**, page 236, dos entièrement bleu-noir, gorge rouge.
**Martinet noir**, page 206, entièrement noirâtre, pas de blanc au croupion.

# Hirondelle rustique

L'Hirondelle rustique est le symbole de l'été. Alors que les Martinets noirs et les Hirondelles de fenêtre se nourrissent dans le ciel, l'Hirondelle rustique est plus visible, survolant les pâturages et poursuivant activement les grosses mouches. Malheureusement, les insecticides ont réduit le nombre des mouches et les Hirondelles rustiques sont en déclin. À l'automne, elles se rassemblent avant de partir en migration. On les voit sur les fils électriques, mais les plus grands groupes se forment dans les roselières, où les hirondelles dorment.

L'Hirondelle rustique niche sur des poutres ou d'autres supports étroits, mais pas sous les toits comme l'Hirondelle de fenêtre. Les 4 ou 5 œufs éclosent après 15-16 jours et les jeunes volent à 18-23 jours.

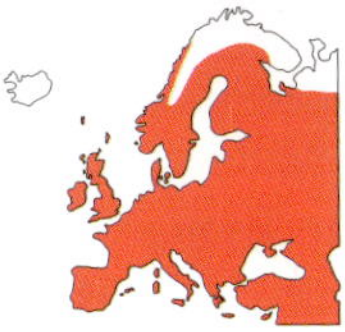

*Taille d'un moineau, mais plus élancée. Pattes et bec minuscules. Queue fourchue avec de longs filets chez l'adulte (surtout chez les mâles âgés). Ailes longues et coudées. Se perche sur les fils, les toits et parfois les arbres. Se nourrit à faible hauteur.*

**Où et quand.** Toute l'Europe, de mars à octobre.

**Milieux favoris.** Zones agricoles avec des arbres isolés, villages, fermes.

## OISEAUX SEMBLABLES

**Hirondelle de fenêtre**, page 234, croupion blanc.
**Martinet noir**, page 206, entièrement sombre.

# Pipit farlouse/P. des arbres

**Pipit farlouse**
*Anthus pratensis*

**Pipit des arbres**
*Anthus trivialis*

Cri : *tsip* fins en série *(A. pratensis), psîîeh* appuyé *(A. trivialis)*

Plus petits que des moineaux ou des alouettes, les pipits sont plus délicats, ont des pattes fines et hochent de la queue. Ils marchent plus qu'ils ne sautillent et se faufilent avec aisance entre les herbes. Le Pipit farlouse a un vol papillonnant et sautillant ; le Pipit des arbres un vol direct et rapide. Le Pipit farlouse semble nerveux et très affairé, poussant de nombreux cris en s'envolant ; le Pipit des arbres marche plus posément et s'envole en ligne droite en criant une ou deux fois. En Europe, le Pipit des arbres est un visiteur d'été, alors que le Pipit farlouse vagabonde en bandes dans les plaines durant tout l'hiver.

Les deux espèces pondent de 2 à 6 œufs qui éclosent après 12 à 14 jours. Les jeunes s'envolent à l'âge de 12 jours.

◁ *Pipit farlouse : ongle postérieur long, chant débutant et se terminant au sol. Tous deux sont petits. Pattes fines, bec fin et pointu.*

▷ *Pipit des arbres : commence à chanter depuis un arbre. Tous deux marchent en hochant un peu la queue et la tête.*

**Où et quand.** Toute l'année, Europe centrale et septentrionale.

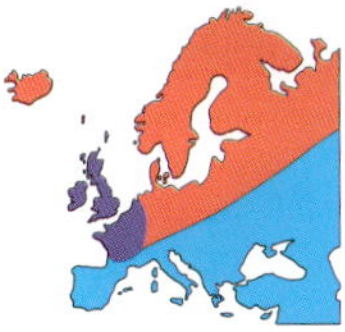

Pipit farlouse

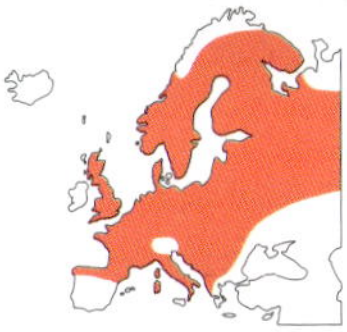

Pipit des arbres

**Où et quand.** Europe, sauf Espagne et Irlande, d'avril à octobre.

**Milieux favoris.** Landes, marais ; zones agricoles en hiver

**Milieux favoris.** Plantations, lisières et clairières de forêts, landes boisées.

# Pipit maritime

*Anthus petrosus*

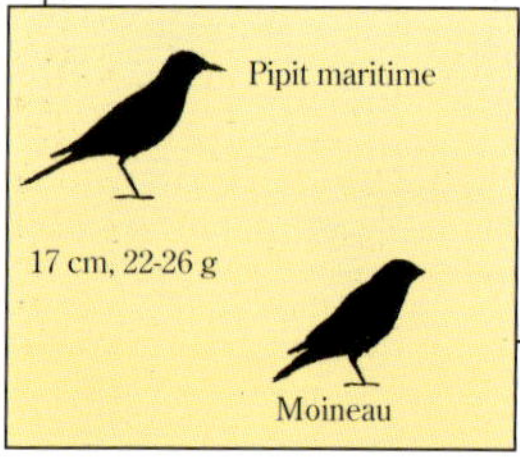


Autrefois, le Pipit maritime et le Pipit spioncelle (voir page 375) étaient considérés comme deux variétés d'une même espèce, mais ils ont été séparés récemment. Le Pipit maritime est un oiseau côtier, très rare à l'intérieur des terres. On le voit souvent de près sur les rochers, ce qui permet de distinguer les détails subtils de son plumage. Le Pipit spioncelle est d'habitude beaucoup plus farouche et s'envole bien avant qu'on le repère. Tous deux sont difficiles à différencier du Pipit farlouse, mais, avec l'expérience, on s'aperçoit que le Pipit farlouse est plus petit et que son cri est différent.

Le Pipit maritime niche sur les côtes parmi les rochers ou les herbes. Il pond de 4 à 6 œufs qui éclosent après 14-15 jours. Les jeunes volent à 16 jours.

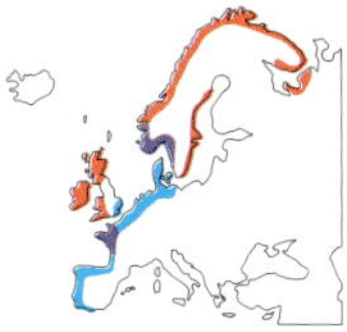

*Plus petit qu'un moineau, élancé. Seul pipit à pattes sombres. Structure assez robuste. Bec plus long que celui du Pipit farlouse. Marche aisément en agitant la queue. Vol bas, rapide et vibrant. Chant se terminant par un vol en parachute jusqu'au sol.*

**OÙ ET QUAND.** Côtes occidentales et septentrionale d'Europe, plus répandu en hiver.

**MILIEUX FAVORIS.** Rivages rocheux ; également marais salants et plages de sable en hiver.

| OISEAUX SEMBLABLES |
| --- |
| **Pipit spioncelle**, page 375, dessous plus blanc.<br>**Pipits des arbres** et **farlouse**, page 238, moins gris, pattes roses. |

# Bergeronnette printanière

*Motacilla flava*

Juvénile : plus terne, plus brun, avec un effet de plastron sombre, barres alaires blanches

Pattes et bec noirs

*M. f. flavissima* femelle : plus pâle, dos plus olive ou brun, gorge plus blanche

En Grande-Bretagne, le mâle a la tête jaune et vert ; en France, tête bleu pâle avec un fin sourcil blanc ; en Espagne, tête plus sombre avec moins de blanc ; en Scandinavie, plus sombre encore sans sourcil blanc

Longue queue noire largement bordée de blanc

*M. f. flava* mâle : dos vert, dessous jaune vif

Bergeronnette printanière

17 cm, 16-20 g

Moineau

Cri sonore et doux, *psihp*

La Bergeronnette printanière est un oiseau élégant, qui affectionne les champs herbeux et les marais, et se tient souvent au sol autour des troupeaux. Elle présente de grandes variations de plumage, regroupées en plusieurs sous-espèces, ou races, en Europe.

La race à tête bleue est la race continentale, la race à tête jaune (Bergeronnette flavéole) vit dans les îles Britanniques et sur les côtes de la Manche et de la mer du Nord. Il est surtout important de bien connaître la race qui vit dans votre région, mais, parfois, au printemps, des individus de différentes races apparaissent ensemble en migration : il est alors intéressant, mais parfois difficile, de les identifier.

Les 4 à 6 œufs éclosent après 11-13 jours et les jeunes s'envolent à 16 jours.

*Plus petite qu'un moineau. Plus élancée, longue queue. Bec fin et pattes minces. Hoche la queue en marchant. Vol très onduleux. Capture souvent des insectes dans les troupeaux de vaches et de moutons. Parfois en troupes lâches.*

△ *Bergeronnette printanière* (Motacilla flava flava).

▷ *Bergeronette flavéole* (Motacilla flava flavissima).

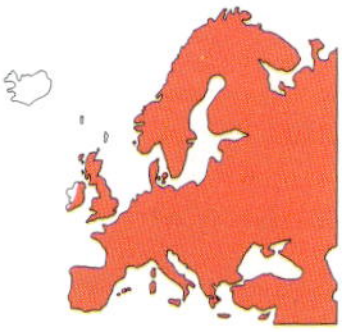

**OÙ ET QUAND.** Été, toute l'Europe. Race à tête jaune en Grande-Bretagne, race à tête bleue et à tête grise dans le reste de l'Europe.

**MILIEUX FAVORIS.** Prés humides, lieux herbeux, marais, vasières.

## OISEAUX SEMBLABLES

**Bergeronnette des ruisseaux**, page 244, tête et dos gris, queue plus longue, gorge noire (mâle), pattes plus courtes.
**Pipits**, pages 238 et 240, plus rayés.

# Bergeronnette des ruisseaux

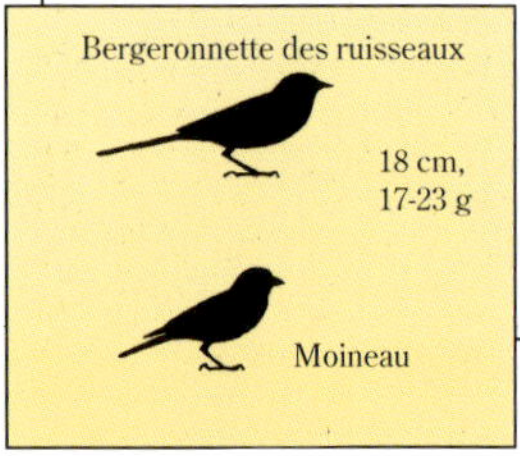


Peu de passereaux sont aussi attachés à l'eau que la Bergeronnette des ruisseaux. En hiver, elle apparaît en des lieux surprenants, par exemple au bord de flaques d'eau sur des parkings ou des toits plats. En été, elle préfère les torrents bouillonnants et les rivières non polluées bordées d'arbres. Elle se nourrit d'insectes et de larves débusqués entre les galets et sur les rochers émergés ou capturés en vol à faible hauteur.

C'est la bergeronnette qui a la queue la plus longue ; dès qu'elle est au sol, elle l'agite de haut en bas de façon prononcée. Ses cris et son chant sont fins, mais pénétrants et dominent le bruit des torrents.

Le nid est construit sur une berge abrupte. Les 4 à 6 œufs éclosent après 11-14 jours et les jeunes s'envolent 13-14 jours plus tard.

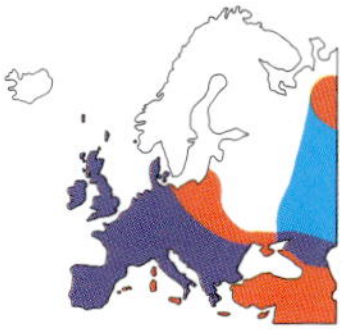

*Plus petite qu'un moineau. Silhouette élancée, très longue. Longue queue et arrière du corps hochant fortement. Pattes courtes, bec court et fin. Vol rapide, onduleux, longue queue étroite très visible. Toujours près de l'eau, d'habitude seule ou par deux.*

**OÙ ET QUAND.** La plupart de l'Europe, sauf la Scandinavie. Toute l'année.

**MILIEUX FAVORIS.** Torrents de montagne, gorges ; plus bas en hiver.

## OISEAUX SEMBLABLES

**Bergeronnette printanière**, page 242, dos et croupion plus verts, queue plus courte.
**Bergeronnette grise**, page 246, pas de jaune dessous.

# Bergeronnette grise

*Motacilla alba*

Cri sonore, *tchiri ou tchissic*

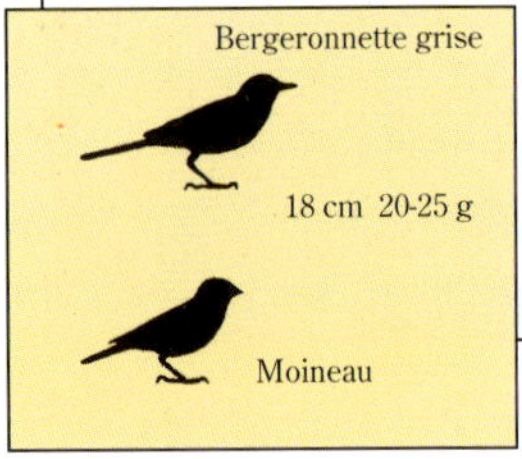


La Bergeronnette grise passe une grande partie de sa vie au bord de l'eau, mais elle en dépend moins que la Bergeronnette des ruisseaux. Elle est aussi à l'aise quand elle se nourrit sur le goudron et c'est un véritable oiseau citadin. Souvent, de petits groupes peuvent être observés autour des gravières ou des lacs. En hiver, elle est fréquente sur les côtes où chaque individu défend un territoire d'alimentation le long des rivages.

La Bergeronnette grise – à dos gris – habite la plupart de l'Europe, mais dans les îles Britanniques et sur les côtes de la Manche, on trouve une race à dos noir appelée « Bergeronnette de Yarrell ».

Le nid est construit dans une cavité ou un recoin. Les 5 ou 6 œufs éclosent après 11-16 jours et les jeunes s'envolent à 11-15 jours.

*Silhouette longue et fine. Tête ronde, bec fin. Pattes minces. Longue queue étroite, agitée de haut en bas. Marche et court découvert. Vol très onduleux. Habituellement en couples ou en petits groupes. Forme de grands dortoirs à l'automne et en hiver.*

△ *Bergeronnette de Yarrell* (M. a. yarrellii).

▷ *Bergeronnette grise* (M. a. alba).

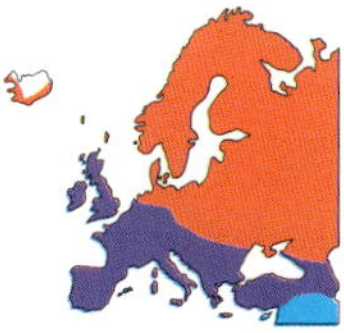

**OÙ ET QUAND.** Toute l'année en Europe de l'Ouest et méridionale, en été seulement plus au nord et à l'est.

**MILIEUX FAVORIS.** Tout espace dégagé, des routes et parkings aux berges des cours d'eau, marais et fermes.

## OISEAUX SEMBLABLES

**Bergeronnette des ruisseaux**, page 244, dessous jaune.
**Bergeronnette printanière**, page 242, individus les plus pâles pouvant être grisâtres dessus, mais habituellement plus verts et dessous plus jaune.

# Cincle plongeur

*Cinclus cinclus*

Juvénile : plus gris, plastron terne avec des marques écailleuses sombres, ventre gris

Noirâtre avec un gros plastron blanc et la tête plus brune

Oiseaux britanniques : tête et dos plus bruns, bande roussâtre sous le plastron blanc

Balance l'arrière du corps et la queue de haut en bas sans bouger l'avant

Cri pénétrant, *tzett*

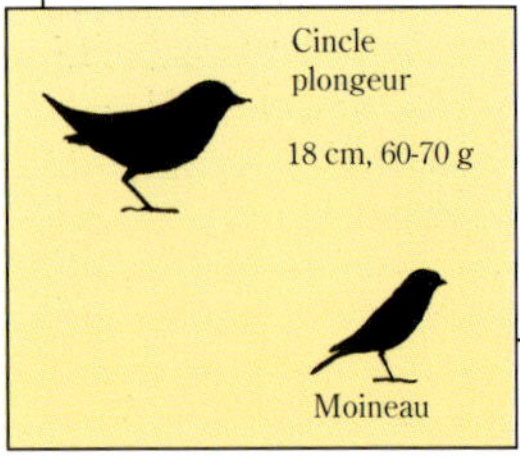


Le Cincle plongeur est l'oiseau des cours d'eau rapides. Il est encore plus lié à l'eau que la Bergeronnette des ruisseaux et peu d'oiseaux ont un habitat aussi spécialisé. Ce n'est que par temps très froid et lorsque les cours d'eau sont gelés que le Cincle plongeur descend temporairement vers les lacs, voire en bord de mer. L'espèce est extraordinaire à plus d'un titre. C'est le seul passereau qui se nourrit sous l'eau : il plonge, mais surtout il marche en s'agrippant au fond avec ses doigts puissants et y picore des insectes avec son bec.

Le Cincle plongeur niche au-dessus des torrents, ou même derrière les chutes d'eau, volant alors au travers de la cascade pour atteindre son nid.

Les 4 ou 5 œufs éclosent en 16 jours et les jeunes volent après 20 à 24 jours.

*Plus petit qu'une grive. Rondelet, trapu. Queue courte tenue à plat ou relevée. Bec court, fin, mais puissant. Pattes assez longues, robustes, doigts et ongles longs. Nage bien, plonge depuis la surface. Vol bas et rapide, suivant les cours d'eau.*

**OÙ ET QUAND.** Toute l'année, la plupart de l'Europe, sauf les régions de plaine.

**MILIEUX FAVORIS.** Rivières propres bordées d'arbres, de blocs et de galets.

## OISEAUX SEMBLABLES

Aucun autre oiseau aussi rondelet ne possède une poitrine blanche et un corps sombre.

**Merle à plastron**, page 379, plus allongé, longue queue, croissant blanc (et non plastron) sur la poitrine.

# Troglodyte mignon

*Troglodytes troglodytes*

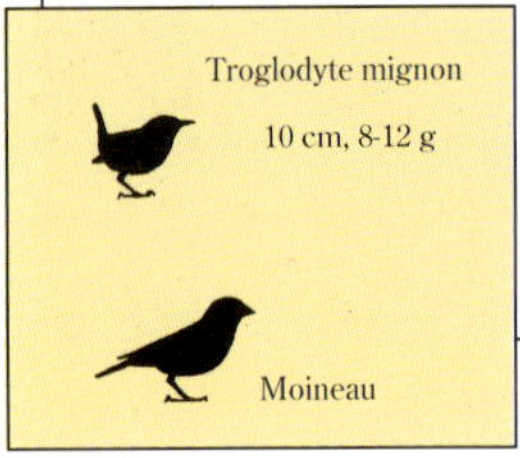


Chant très puissant composé de trilles rapides ; cri sec, *tic* ou *trrrt*

Le Troglodyte mignon porte bien son nom. C'est un oiseau minuscule qui vit dans les endroits sombres et humides, sous les ronces, dans les tas de branchages et les amas de matériel de jardin, partout où les feuilles mortes, les racines et les tiges pourraient cacher une araignée ou deux. Même au cœur de l'hiver, il fréquente ces endroits, ignorant la nourriture distribuée par l'homme. Les hivers extrêmement rigoureux en tuent des milliers et, pour un temps, leur nombre est plus faible. Mais, au bout de quelques années clémentes, l'espèce est à nouveau abondante.

Le nid, construit contre un talus ou entre des racines, est une boule de mousse avec une entrée latérale. Les 5 ou 6 œufs éclosent après 14-15 jours et les jeunes s'envolent à 16-17 jours.

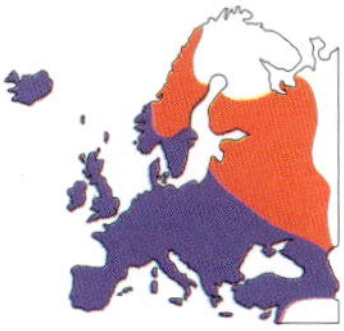

*Minuscule, plus petit qu'une Mésange bleue. Brun-roux avec des barres sombres et pâles. Queue courte, souvent relevée. Bec assez long et fin. Pattes fines, mais puissantes, doigts épais. Ailes courtes. Vol bas et vibrant. Cris et chant très sonores.*

**OÙ ET QUAND.** Toute l'Europe, toute l'année, sauf dans l'extrême nord (été seulement).

**MILIEUX FAVORIS.** Partout, des bois et des parcs aux falaises et landes.

## OISEAUX SEMBLABLES

**Bouscarle de Cetti**, page 375, plus grosse, queue plus large, chant sonore plus explosif sans trille.

# Accenteur mouchet

*Prunella modularis*

L'Accenteur mouchet mène une existence compliquée. Mâles et femelles peuvent avoir deux ou trois partenaires ; les ménages à trois sont fréquents et on note même des groupes plus grands dans les zones où les nicheurs sont nombreux…

Au printemps, ils paradent, en chantant et en agitant leurs ailes de façon désordonnée. Le reste du temps, ils sont silencieux et discrets, traînant toujours au sol sous les buissons et dans les parterres de fleurs, en agitant nerveusement la queue et les ailes. L'Accenteur mouchet semble terne et peu visible, mais il est commun, facile à voir et typique.

Il niche dans une haie ou au cœur d'un buisson. Les 4 ou 5 œufs éclosent après 12-13 jours et les jeunes s'envolent à 12 jours.

*Plus petit qu'un moineau. Bec plus fin. Rondelet, queue fine. Se tient souvent tapi ou penché en avant. Ailes courtes et arrondies. Relève ou agite souvent une seule aile. Se déplace au sol en sautillant. Chante du sommet d'un arbre ou d'un buisson.*

**OÙ ET QUAND.** Toute l'année, toute l'Europe.

**MILIEUX FAVORIS.** Fourrés, bois, jardins, parcs, landes.

## OISEAUX SEMBLABLES

**Bruants**, pages 362 à 366, bec plus épais, la plupart avec la queue noire bordée de blanc.
**Moineaux**, page 338, dessus plus uni, bec fort.
**Troglodyte mignon**, page 250, plus petit, moins gris.

# Rougegorge familier

*Erithacus rubecula*

Le Rougegorge familier est un oiseau populaire : alerte, vif, bien que rondelet, et souvent très familier (en particulier quand il est attiré par de la nourriture). Bien qu'étant un oiseau des jardins en de nombreux endroits, il est forestier, discret et farouche dans certaines régions d'Europe. Il chante en automne, au cours de l'hiver et surtout au printemps. À cette époque, les mâles défendent leur territoire avec une telle passion qu'il arrive que l'un soit tué.

Le Rougegorge familier niche en des endroits surprenants, de la boîte aux lettres au pot de fleur inutilisé : habituellement, il recherche une berge buissonneuse avec des cavités, où il peut nicher en secret.

Les 4 à 6 œufs éclosent en 13-14 jours et les jeunes s'envolent à 2 semaines.

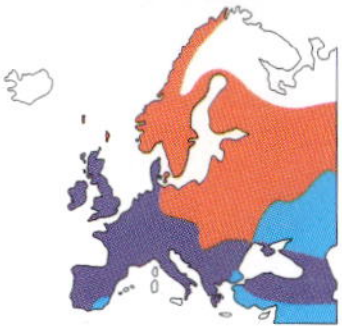

*Plus petit qu'un moineau. Rondelet, ventru et large d'épaules. Queue courte et étroite, relevée brusquement. Sautille en se tenant bien droit. Se tient souvent dans les arbres, mais se nourrit surtout au sol. Vol bas et rapide. Solitaire. Chante presque toute l'année.*

**Où et quand.** Toute l'Europe, toute l'année, sauf dans le nord (été seulement).

**Milieux favoris.** Forêts avec sous-bois dense, fourrés, jardins, parcs.

OISEAUX SEMBLABLES

**Rossignol philomèle**, page 256, pas de plastron rouge ; le jeune Rougegorge familier ressemble au jeune rossignol, mais sa queue est plus terne.
**Rougequeue à front blanc**, page 260, dessous entièrement orange, face noire.

# Rossignol philomèle/R. progné

Beaucoup de personnes n'ont jamais entendu de Rossignol philomèle et pourtant il est réputé comme l'un des meilleurs chanteurs européens. Il est probable que peu d'oiseaux égalent la puissance, la chaleur et la diversité de son chant. Le chant du Rossignol progné est également chaud et puissant, mais ne possède pas les longues notes montantes si typiques du Rossignol philomèle. Celles-ci se changent soudain en babils gutturaux rapides.

Les deux espèces chantent habituellement au cœur d'un fourré, mais parfois aussi plus à découvert ou même bien en vue. Les deux rossignols sont de petits oiseaux très difficiles à différencier.

Les deux espèces pondent 4 ou 5 œufs qui éclosent après 13 à 14 jours. Les jeunes s'envolent 11-12 jours plus tard.

*Plus petits qu'un moineau, plutôt ventrus. Bec court, mais épais, pattes fortes. Queue large, souvent relevée entre les ailes. Au sol, sautillent et courent. Vol bas et rapide. Cris typiques, mais le chant est le meilleur critère au printemps.*

△ *Rossignol philomèle*

▷ *Rossignol progné*

**Où et quand.** D'avril à septembre, Europe centrale et occidentale, absent des pays nordiques.

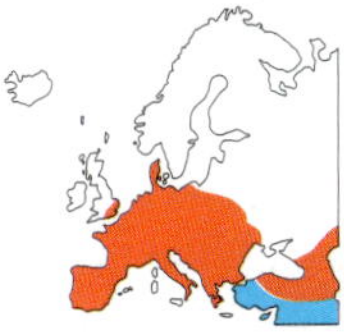

Rossignol philomèle

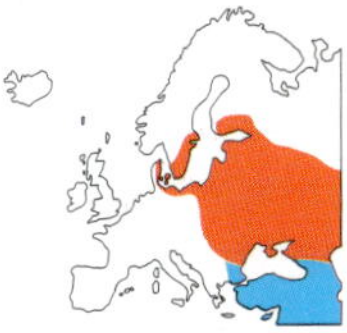

Rossignol progné

**Où et quand.** Europe continentale seulement, d'avril à septembre.

**Milieux favoris.** Fourrés denses ou épineux, haies humides, sous-bois denses.

**Milieux favoris.** Bois et fourrés de feuillus, souvent au bord des lacs.

# Rougequeue noir

En Europe de l'Ouest, le Rougequeue noir est un oiseau commun dans les falaises, les éboulis de montagne, les coteaux rocheux, mais aussi les villes et les villages où il s'installe sur les toits et les antennes de télévision pour chanter. Il semble que tout substrat dur, dénudé et anguleux, lui convienne, qu'il soit naturel ou de fabrication humaine. Le Rougequeue noir apporte de la vie dans les villages, chantant sur les toits, voletant le long des rues et plongeant toujours à couvert dès que vous le repérez. À l'automne, on l'observe en nombre le long des côtes occidentales, lors de sa migration. La plupart des oiseaux passent l'hiver autour de la Méditerranée.

Les 4 à 6 œufs éclosent après 12-13 jours et les jeunes s'envolent 16-18 jours plus tard.

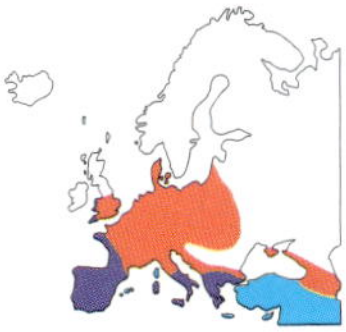

*Plus petit qu'un moineau. Silhouette de rougegorge, mais queue carrée plus longue. Se tient très droit ou engoncé. Queue sans cesse agitée. Vol bas et papillonnant. Chante au sommet des toits, sur les cheminées et dans les falaises.*

**Où et quand.** Toute l'année, Europe centrale et méridionale, plus rare au nord.

**Milieux favoris.** Villes, usines, falaises, montagnes, côtes.

## OISEAUX SEMBLABLES

**Rougequeue à front blanc**, page 260, semblable à l'automne ; femelle davantage chamois, moins grise, avec le ventre blanc.

# Rougequeue à front blanc

*Phoenicurus phoenicurus*

Mâle : croupion orange, queue rouge orangé avec le centre plus sombre

Mâle : dessus gris-bleu, front blanc, face noir brillant ; dessous orange vif

Mâle (automne) : menton noir en partie masqué par les liserés grisâtres des plumes

Cri plaintif, huit suivi de *tèc-tèc* inquiets

Femelle : plus brune que le mâle, côtés de la queue rouge orangé, dessous chamois orangé pâle

Femelle (automne) : plumage neuf, très pâle, dessous teinté de crème orangé

Rougequeue à front blanc

13 cm, 12-18 g

Moineau

Le Rougequeue à front blanc est un oiseau forestier, mais, lors de ses migrations, on le voit aussi le long des côtes, dans les dunes et les friches, parfois en compagnie de Rougequeues noirs. En été, il partage les forêts avec le Pouillot siffleur et le Gobemouche noir, mais habite aussi les coteaux buissonneux, les vergers et les jardins. Le mâle chante au sommet des arbres ou dans l'épais feuillage d'un gros chêne, habituellement invisible malgré son plumage éclatant. Le reste du temps, il est toujours en mouvement, agitant sans cesse sa queue rousse.

Le Rougequeue à front blanc niche dans une cavité d'arbre, un trou creusé par un Pic vert ou un nichoir. Les 6 œufs éclosent après 12 à 14 jours et les jeunes s'envolent 2 semaines plus tard.

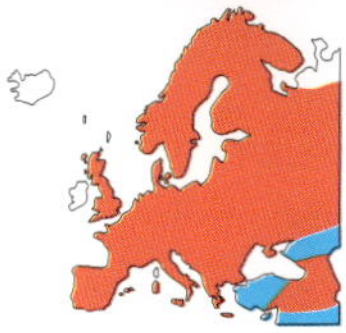

*Plus petit qu'un moineau. Élancé avec une longue queue à bout carré. Queue agitée sans cesse nerveusement. Pattes fines et assez courtes. Bec fin. Tête ronde avec un gros œil sombre. Vol bas dévoilant sa queue rousse. Au sol, se déplace en sautillant.*

**OÙ ET QUAND.** D'avril à octobre, presque toute l'Europe.

**MILIEUX FAVORIS.** Forêts de chênes et autres feuillus, lisières de landes avec buissons et arbres isolés, vergers, jardins boisés.

## OISEAUX SEMBLABLES

**Rougequeue noir**, page 258, plus sombre, plus gris en particulier dessous.
**Rougegorge familier** juvénile, page 254, queue plus courte, pas de roux aux côtés de la queue.

# Tarier des prés

*Saxicola rubetra*

Poitrine chamois orangé vif se fondant dans le ventre blanc

Mâle (printemps) : contrasté, brun-noir, blanc et chamois orangé

En automne, comme des femelles ternes avec des liserés pâles aux plumes des ailes et un dessin de tête encore plus vague

Joues noires soulignées et surlignées de larges raies blanches, calotte sombre, menton orange

Femelle : plus pâle, tête plus brune avec un sourcil crème, dos brun pâle rayé de sombre

Queue sombre avec une tache blanche de chaque côté, petite tache blanche sur l'aile

Mâle en été

Se perche bien droit à découvert, mais pas sur les arbres

Cri d'alarme, *piup tèc tèc*

Le Tarier des prés est en déclin dans de nombreuses régions où les prés à hautes herbes, parsemés de buissons et de tiges sèches, ont disparu. Il apprécie aussi les jeunes plantations de conifères, mais celles-ci deviennent très vite trop hautes et trop denses. On le trouve aussi sur les pentes couvertes de landes et de fougères avec des buissons épineux. Le Tarier des prés est apparenté aux traquets, au Rougegorge familier et aux rougequeues. C'est un petit oiseau délicat et vif, se perchant sur des tiges sèches pour repérer ses proies et guetter l'arrivée des prédateurs. Dérangé, il crie fréquemment, en particulier s'il a des jeunes à proximité.

Ses 5 ou 6 œufs, pondus dans un nid au sol, éclosent après 13 jours et les jeunes s'envolent 13 jours plus tard.

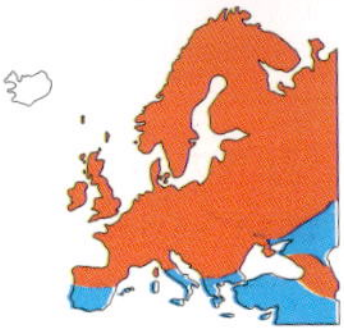

*Plus petit qu'un moineau. Queue courte, silhouette dressée. Bec court, pattes minces et robustes. Se perche au sommet des grandes tiges ou des buissons, sur des piquets et des fils barbelés. Attrape des insectes en l'air ou au sol. Habituellement seul ou en couple.*

**Où et quand.** D'avril à septembre, dans toute l'Europe, excepté l'Espagne (où il est de passage).

**Milieux favoris.** Zones herbeuses avec des buissons, landes, marais.

## OISEAUX SEMBLABLES

**Tarier pâtre**, page 264, tête plus noire ou plus brune avec moins de pâle au-dessus de l'œil.

# Tarier pâtre

*Saxicola torquata*

Le Tarier pâtre est un peu plus rond et plus compact que le Tarier des prés. On le trouve dans des lieux sauvages, avec des rochers et des fourrés d'ajoncs. Le Tarier des prés va hiverner en Afrique, mais le Tarier pâtre séjourne en Europe occidentale et méridionale en hiver. Il se tient alors surtout le long des côtes, où le climat est plus doux, car il survit difficilement aux longues périodes de froid. Le Tarier pâtre vit dans la majeure partie de l'Europe et de l'Asie. Les oiseaux de l'extrême nord et de l'est migrent vers l'Europe de l'Ouest en automne, ce sont de grands migrateurs. Ceux qui nichent dans l'ouest de l'Europe sont pratiquement sédentaires.

Les 5 ou 6 œufs, pondus dans un nid au sol, éclosent après 14 ou 15 jours et les jeunes s'envolent 12-13 jours plus tard.

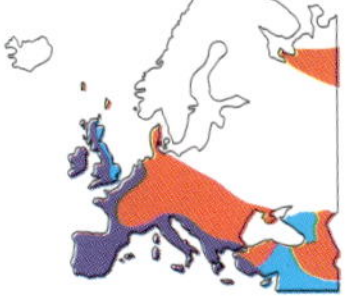

*Plus petit qu'un moineau. Trapu, poitrine saillante, grosse tête. Petit bec fin. Queue courte et carrée. Se perche souvent au sommet des buissons, rochers, poteaux ou sur les fils. Au sol, se déplace en sautillant. Nerveux, vif, crie souvent. Le mâle chante parfois en vol.*

**OÙ ET QUAND.** Europe, excepté la Scandinavie. Toute l'année dans l'Ouest.

**MILIEUX FAVORIS.** Pentes rocailleuses avec des buissons, landes, friches.

OISEAUX SEMBLABLES

**Tarier des prés**, page 262, plus pâle, ligne pâle au-dessus de l'œil, gorge pâle, taches pâles à la queue.

# Traquet motteux

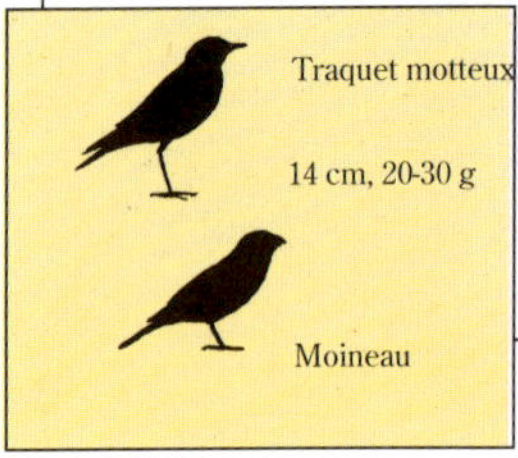


Le Traquet motteux est l'un des migrateurs printaniers les plus précoces et les plus beaux. Le mâle en plumage nuptial semble immaculé et apporte une touche de couleur et de vie après le long hiver. Il peut apparaître n'importe où, le long d'une côte, sur un terrain de jeux, un champ labouré ou la rive herbeuse d'un réservoir. À l'automne, il repasse en sens inverse, dans des endroits aussi variés.

En été, il préfère les endroits retirés, souvent en altitude. Les oiseaux qui nichent au Groenland traversent l'Europe au printemps, mais la plupart survolent directement l'océan pour gagner l'Afrique à l'automne : un voyage migratoire remarquable.

Les 6 œufs, pondus dans une cavité du sol, éclosent après 14 jours et les jeunes s'envolent à 15 jours.

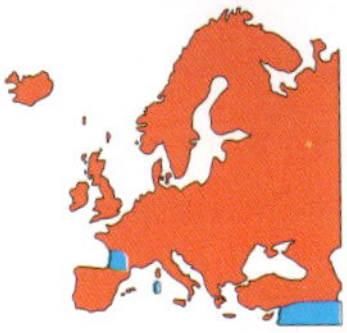

*Taille d'un moineau, très contrasté. Allure dressée ou massive. Bec court, pattes fortes. Longues ailes atteignant les côtés de la queue. Agite les ailes et la queue. Sautille ou court rapidement. Se perche sur des rochers, des murs et des fils. Chante en vol.*

**Où et quand.** De mars à octobre, toute l'Europe.

**Milieux favoris.** Lieux rocailleux avec des pentes herbeuses, terrains de golf, dunes, coteaux rocheux.

## OISEAUX SEMBLABLES

**Tarier des prés**, page 262, plus petit, passe moins de temps au sol.
**Tarier pâtre**, page 264, gorge sombre.

# Merle noir

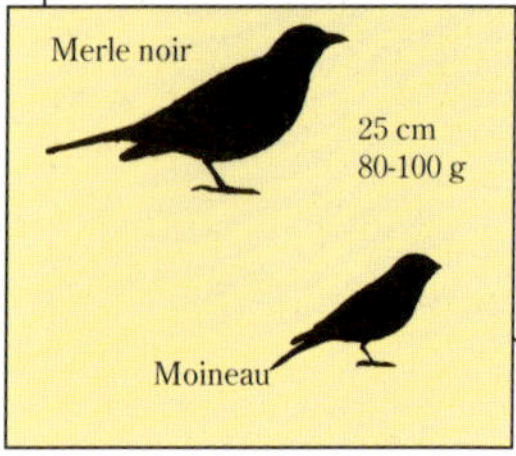


Le Merle noir est un oiseau des jardins très apprécié par ceux qui écoutent chanter les oiseaux. Du printemps à la fin de l'été, à l'aube et au crépuscule, on peut entendre son chant magnifique qui est l'un des plus mélodieux et des plus riches. Ses mélodies variées et ses changements de phrases fréquents sont sa façon de dire : « Ceci est mon territoire, n'y pénétrez pas ! » Le Merle noir est commun et très répandu. En hiver, beaucoup d'individus du nord et de l'est migrent vers l'Europe occidentale et méridionale, où ils se joignent aux oiseaux locaux dans les champs et les jardins.

Le Merle noir construit son nid dans une haie ou un buisson. Ses 4 ou 5 œufs éclosent après 13-14 jours et les jeunes s'envolent à l'âge de 13-14 jours.

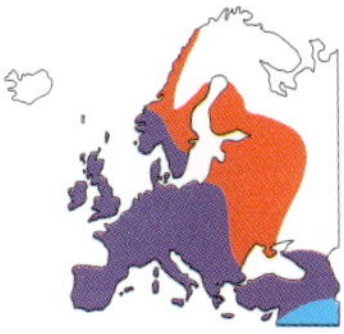

*Plus gros qu'un étourneau, plus petit qu'un pigeon. Bec court et épais, pattes puissantes. Assez rondelet, longue queue souvent relevée et à demi étalée. Se pose avec la queue relevée, puis l'abaisse lentement. Se déplace en sautillant au sol.*

**OÙ ET QUAND.** Toute l'Europe, toute l'année, sauf dans l'extrême Nord (été seulement).

**MILIEUX FAVORIS.** Forêts, champs entourés de haies, jardins, parcs.

## OISEAUX SEMBLABLES

**Merle à plastron**, page 379, croissant blanc sur la poitrine, ailes plus pâles.
**Grive musicienne**, page 272, plus pâle, dessous pâle ponctué de sombre.
**Étourneaux**, page 334, queue courte, plus bruyants et plus sociables.

# Grive litorne

*Turdus pilaris*

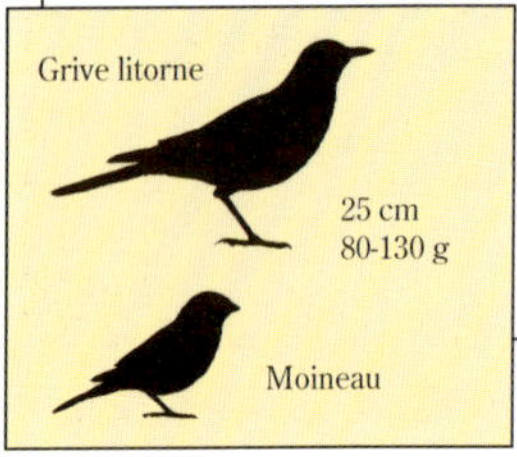


Chaque automne, les Grives litornes arrivent en grand nombre dans les pays d'Europe de l'Ouest, poussées par le mauvais temps. Elles s'installent dans les haies pour y manger des baies, puis se déplacent vers l'ouest et se nourrissent de vers de terre dans les champs. Dérangées, elles se réfugient dans un grand arbre ou une haie, puis redescendent pour se nourrir une fois le danger écarté. Elles poussent sans cesse des cris jacassants, sons hivernaux typiques. Parfois, de grands vols fuient devant la neige. En été, la Grive litorne niche en Europe centrale (et dans un grand quart nord-est de la France), dans les parcs et les bosquets. Dans l'extrême nord, elle niche même dans la toundra.

Les 4 œufs éclosent en 2 semaines et les jeunes s'envolent après 14-16 jours.

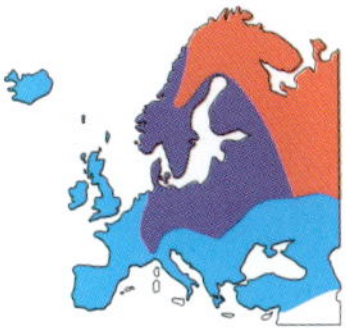

*Taille d'un merle. Massive. Queue large. Ailes courtes, larges et pointues. Sautille, se perche dans les arbres et les haies. Se nourrit en groupes dans les champs et les buissons. Vol puissant, onduleux. Grandes troupes en hiver. Niche en colonies lâches.*

**OÙ ET QUAND.** Europe centrale et septentrionale d'avril à septembre. Europe centrale et occidentale de septembre à mai.

**MILIEUX FAVORIS.** Régions agricoles, lisières forestières, landes, marais.

OISEAUX SEMBLABLES

**Grive draine,** page 274, dessous de l'aile blanc, mais coloration plus pâle, queue pâle, taille supérieure.
**Grive musicienne,** page 272, plus petite, plus brune, dessous de l'aile chamois roussâtre.

# Grive musicienne

*Turdus philomelos*

Dessus brun olive ou brun chaud, tête assez unie, gros œil sombre, trait pâle entre le bec et l'œil

Dessous chamois crème avec des points noirâtres ronds, formant des lignes sur la gorge et le menton et des chevrons plus bruns sur les flancs

Bec court, brun, pattes rosâtre pâle

Adulte en vol : dessous de l'aile chamois orangé pâle

Cri sec et sonore, *tsic*

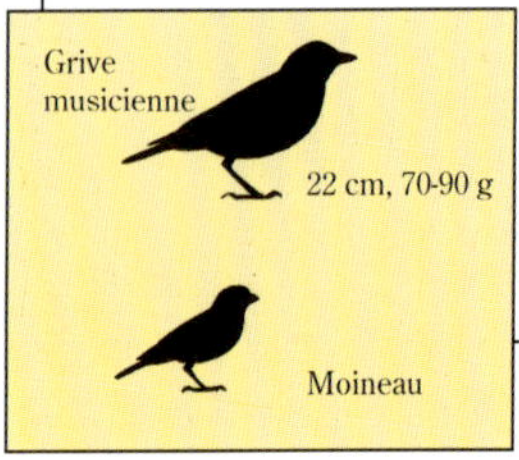


La Grive musicienne est commune dans les bois et dans les parcs, où elle se nourrit de petits escargots, de vers, d'insectes et de fruits. C'est un chanteur réputé, dont le chant est moins liquide que celui du Merle noir, mais plus puissant et plus flûté. Il est constitué de phrases courtes, répétées deux ou trois fois. Les étés chauds et les longs hivers froids qui durcissent le sol et rendent les vers de terre difficiles à attraper ont provoqué le déclin de la Grive musicienne. Il est possible que les pesticides et les produits anti-limaces aient également un effet néfaste – par endroits, l'espèce est plus rare qu'autrefois.

Les 4 ou 5 œufs, pondus dans un nid construit dans un buisson, éclosent après 14 jours et les jeunes s'envolent à 13-14 jours.

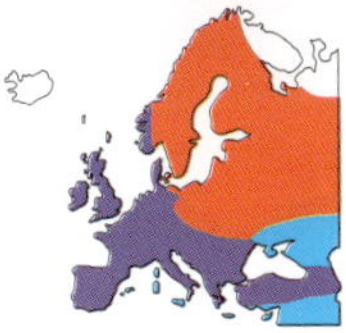

*Plus petite qu'un merle. Ailes courtes et arrondies, queue large. Habituellement silencieuse, peu visible, au sol ou dans les fourrés. Sautille et court au sol et s'envole à couvert en cas de danger. Se tient immobile avec la tête tournée quand elle cherche des vers.*

**OÙ ET QUAND.** Toute l'Europe, mais seulement en été dans le nord et l'est et seulement l'hiver en Espagne.

**MILIEUX FAVORIS.** Jardins, parcs, bois, forêts, bocages.

OISEAUX SEMBLABLES

**Grive mauvis,** page 274, plus sombre, flancs roux, sourcil blanc.
**Grive draine,** page 274, plus grande, plus pâle, points sombres plus ronds dessous, dessous de l'aile blanc.

# Grive draine/G. mauvis

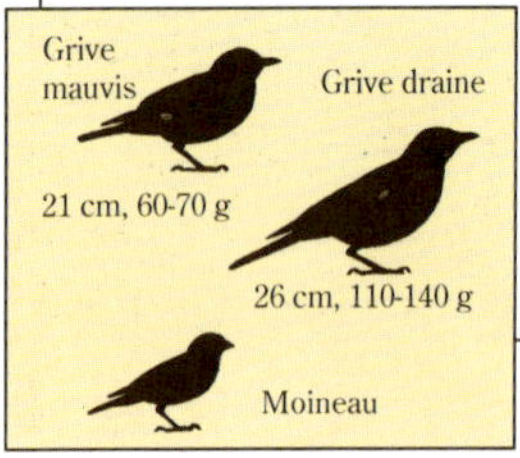


La Grive draine est peu connue, car, sans être rare, elle est moins abondante et familière que la Grive musicienne. Elle affectionne les forêts claires, les grands parcs et les bocages, se perchant souvent au sommet des arbres et descendant au sol pour se nourrir. À l'automne, on peut en voir dix ou vingt ensemble. La Grive draine pond 4 œufs qui éclosent après 14 jours. Les jeunes s'envolent à 14-16 jours.

La Grive mauvis est plus sociable et se déplace en troupes de l'automne au printemps, allégeant les arbustes de leurs baies et rôdant avec d'autres grives dans les champs. En octobre et novembre, lorsqu'elle migre vers l'ouest, on l'entend de nuit, ses cris fins et ténus retentissant dans l'obscurité. En été, elle vit dans les forêts de bouleaux de Scandinavie.

◁ *Grive draine : plus grosse qu'un Merle noir, queue plus longue. Au sol, se déplace par bonds. Vol onduleux.*

▷ *Grive mauvis : plus petite qu'une Grive musicienne, délicate. Sautille et marche. Vol d'alouette, rapide, souvent en groupes. Se mêle aux Grives litornes en hiver.*

**Où et quand.** Toute l'Europe, quitte le nord et l'est en hiver.

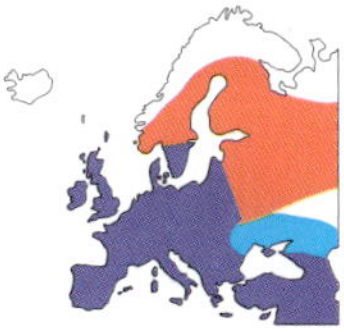

Grive draine

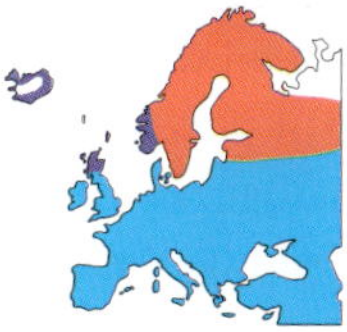

Grive mauvis

**Où et quand.** Dans le nord en été, migre au sud et à l'ouest en hiver.

**Milieux favoris.** Clairières et lisières forestières, parcs, bocages.

**Milieux favoris.** Bois reculés, landes, zones agricoles.

# Phragmite des joncs

*Acrocephalus schoenobaenus*

Cri sec, *tsèk ;* chant varié comportant des imitations d'autres oiseaux

Le chant varié du Phragmite des joncs fait partie intégrante des marais et des roselières. Au printemps et, par beau temps, durant tout l'été, le Phragmite des joncs chante perché au sommet d'un buisson ou sur la tige d'un roseau ou encore au cours d'un vol papillonnant. Son chant est très rapide, grinçant, peu mélodieux, mais certaines notes sont pures et flûtées. Moins lié aux roseaux que la Rousserolle effarvatte, le Phragmite des joncs affectionne les lieux marécageux et vit souvent aux côtés de cette dernière et du Bruant des roseaux. En automne, il fait des réserves de graisse – énergie indispensable pour effectuer le long voyage migratoire vers l'Afrique.

Les 5 ou 6 œufs éclosent après 13-14 jours et les jeunes s'envolent à 2 semaines.

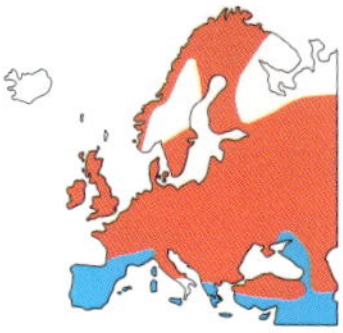

*Taille d'une Mésange charbonnière. Élancé, tête fine, bec mince, queue arrondie au bout. Se tient bien droit, la tête dans les épaules, quand il chante, mais se nourrit dans le feuillage en position plus horizontale. Vol bas et vibrant. Chant sonore et varié.*

**OÙ ET QUAND.** D'avril à septembre, dans une grande partie de l'Europe.

**MILIEUX FAVORIS.** Buissons de saules bordant les canaux, bordure des marais, roseaux.

OISEAUX SEMBLABLES

**Rousserolle effarvatte**, page 278, tête et dos unis. Phragmite aquatique (migrateur rare), davantage crème jaunâtre rayé de noir et de crème.

# Rousserolle effarvatte

*Acrocephalus scirpaceus*

Cri grave, *tcheurr;* chant sonore, rythmé et grinçant

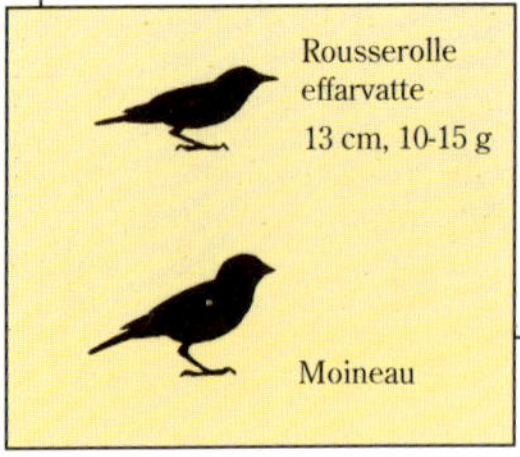


Chaque automne, la Rousserolle effarvatte migre vers l'Afrique pour y passer l'hiver. Elle est intimement liée aux roselières, marais avec des massifs de roseaux denses, mais elle va souvent se nourrir dans les saules proches. Les grandes roselières peuvent accueillir des dizaines, voire des centaines de couples de Rousserolles effarvattes, pourtant ce n'est qu'au petit matin, en entendant le chœur remarquable des chanteurs, que l'on réalise leur nombre. Ces petites fauvettes unies vivent dans un monde étrange formé de tiges de roseaux dressées auxquelles elles suspendent leur nid juste au-dessus de l'eau. Elles sont souvent parasitées par le Coucou gris.

Les 4 œufs éclosent en 11 jours et les jeunes s'envolent après une douzaine de jours.

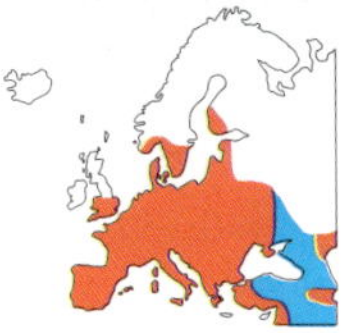

*Taille d'une Mésange charbonnière, mais élancée. Tête aplatie, long bec pointu. Queue plutôt arrondie. Sous-caudales longues, atteignant presque le bout de la queue. Escalade les tiges de roseaux et de joncs. Chante perchée, souvent hors de vue, mais pas en vol.*

**OÙ ET QUAND.** La plupart de l'Europe, sauf le nord, d'avril à septembre.

**MILIEUX FAVORIS.** Roselières, buissons de saules près des roseaux.

OISEAUX SEMBLABLES

**Rousserolle verderolle**, page 379, extrêmement semblable.
**Phragmite des joncs**, page 276, sourcil blanc.
**Fauvette des jardins**, page 288, plus massive, bec court.

# Fauvette passerinette

*Sylvia cantillans*

Les fauvettes sont divisées en plusieurs grands groupes, et le premier mot de leur nom scientifique indique celui auquel elles appartiennent : les rousserolles *(Acrocephalus)* sont des oiseaux de roseaux ; les pouillots *(Phylloscopus)* sont petits, verdâtres et vivent dans le feuillage ; les « vraies » fauvettes *(Sylvia)* sont plus grandes avec un petit bec épais et une queue souvent bordée de blanc. La Fauvette passerinette est l'une d'elles et se caractérise par sa vivacité, passant d'un buisson à l'autre sur les pentes pierreuses ensoleillées d'Europe méridionale. Comme beaucoup de fauvettes, elle effectue un vol chanté – le mâle s'élève en papillonnant et émet un gazouillis rapide.

Les 4 ou 5 œufs éclosent après 11 jours et les jeunes s'envolent 11 jours plus tard.

*Taille d'une Mésange bleue, mais longue queue. Élancée, tête arrondie, bec court. Queue fine, souvent relevée ou agitée. Ailes courtes et arrondies. Se tient près du sol dans les buissons. Peut être très difficile à voir dans la végétation dense.*

**OÙ ET QUAND.** Espagne, sud de la France, Italie, de mars à octobre.

**MILIEUX FAVORIS.** Pentes broussailleuses, buissons, fourrés.

OISEAUX SEMBLABLES

Fauvette pitchou, plus sombre, sans moustache pâle.
**Fauvette grisette**, page 286, plus grande, plus pâle.
**Fauvette babillarde**, page 284, pattes sombres, très semblable à l'automne.

# Hypolaïs ictérine/H. polyglotte

Bien que les deux hypolaïs soient très semblables, elles posent rarement des problèmes d'identification, car elles habitent des régions d'Europe différentes. Toutefois, dans la zone de contact où les deux espèces sont présentes, il est difficile de les différencier. Toutes deux sont un peu plus grandes que le Pouillot fitis, avec un bec plus long, plus pâle, une tête plus grosse et un corps plus massif. L'Hypolaïs ictérine paraît spécialement grosse et massive pour une fauvette. Toutes deux ont tendance à se déplacer lourdement dans le haut du feuillage, glanant des baies qu'elles cueillent en pivotant la tête, davantage comme une Fauvette à tête noire que comme un pouillot.

Elles pondent 4 ou 5 œufs qui éclosent après 13 jours. Les jeunes s'envolent à 13-14 jours.

*Fauvettes assez massives, plus grandes qu'un Pouillot fitis. Structure rappelant la Fauvette à tête noire et couleur du Pouillot fitis. Tête ronde, large et bombée, bec large à la base. Pattes puissantes. Déplacements lourds dans le feuillage.*

△ *Hypolaïs ictérine*

▷ *Hypolaïs polyglotte*

**OÙ ET QUAND.** De la Scandinavie à l'Europe centrale, nord et est de la France, d'avril à octobre.

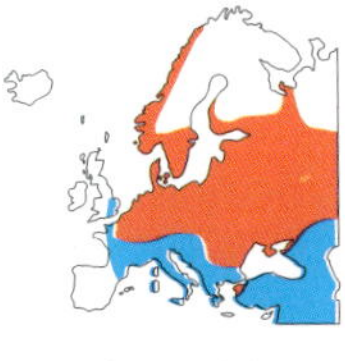

Hypolaïs ictérine

Hypolaïs polyglotte

**OÙ ET QUAND.** France et Espagne, d'avril à septembre.

**MILIEUX FAVORIS.** Parcs, haies, vergers, pentes buissonneuses.

**MILIEUX FAVORIS.** Lisières forestières, pentes buissonneuses, haies.

# Fauvette babillarde

La Fauvette babillarde affectionne les belles haies d'autrefois, très hautes et très épaisses. Là, elle peut se cacher dans l'épaisseur du feuillage, se déplaçant complètement à couvert, criant de temps à autre et chantant plusieurs fois par minute. Son chant est une crécelle rapide *rutiutiutiutu,* souvent précédée par un gazouillis en sourdine. En automne, elle ne résiste pas aux fruits d'un sureau ou d'un chèvrefeuille. Si vous attendez patiemment à côté d'un buisson couvert de baies succulentes, vous verrez très certainement des Fauvettes babillardes et d'autres fauvettes venir les manger. La Fauvette babillarde fréquente parfois les jardins, pourtant c'est une espèce assez peu connue.

Les 4 à 6 œufs éclosent après 11 jours et les jeunes s'envolent 11 jours plus tard.

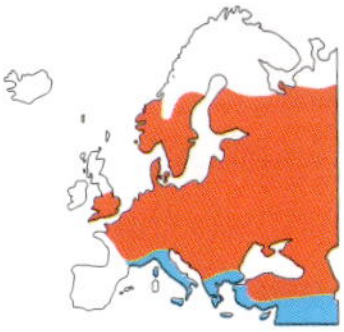

*Plus petite qu'une Mésange charbonnière. Mince, queue étroite. Petite tête, bec court et fin. Se tient dans la végétation dense, sauf en automne pour manger des baies. Elle se signale souvent par son chant typique.*

**Où et quand.** La plupart de l'Europe, sauf l'Espagne, l'ouest de la France et l'Irlande ; d'avril à septembre.

**Milieux favoris.** Haies denses, fourrés d'aubépines, bois, parcs.

OISEAUX SEMBLABLES

**Fauvette grisette**, page 286, plus pâle, ailes plus rousses, pattes pâles.
**Fauvette passerinette** juvénile, page 280, pattes pâles, croupion plus gris.

# Fauvette grisette

*Sylvia communis*

Comme l'indique son nom scientifique, la Fauvette grisette était autrefois très commune : elle était présente partout, dans les haies, les fourrés de ronces ou d'églantiers. Une longue période de sécheresse en Afrique a causé un déclin rapide et important de l'espèce, et ses effectifs européens restent aujourd'hui encore plus faibles qu'ils ne l'étaient dans les années 1950 et 1960. La Fauvette grisette affectionne les endroits sauvages, et les parcs modernes, avec leurs arbres d'ornement, leurs gazons bien tondus et leurs massifs de fleurs ne lui conviennent pas du tout. Elle préfère l'herbe haute, les buissons épineux rustiques et les massifs d'orties.

Les 4 ou 5 œufs éclosent après 11-13 jours et les jeunes s'envolent 12 jours plus tard.

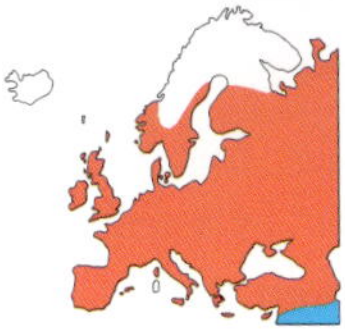

*Taille d'un rougegorge. Queue assez longue et fine, un peu arrondie et souvent relevée ou agitée latéralement. Tête bombée avec une calotte hérissée. Bec court et épais pour une fauvette. Se faufile dans la végétation dense, le corps souvent horizontal (ci-dessus, juvénile).*

**OÙ ET QUAND.** Presque toute l'Europe, d'avril à septembre.

**MILIEUX FAVORIS.** Landes sauvages, haies, lisières de forêts.

## OISEAUX SEMBLABLES

**Fauvette babillarde**, page 284, plus terne, pattes sombres.
**Fauvette des jardins**, page 288, plumage uni sans gorge blanche.

# Fauvette des jardins

La Fauvette des jardins est un petit oiseau au plumage insignifiant ; toutefois, de près, il révèle quelques nuances et variations subtiles. Comme tous les passereaux, elle dégage un charme et une attraction qui donnent envie de l'étudier de près. Par-dessus tout, c'est un chanteur mélodieux qui se place parmi les meilleurs d'Europe. Au printemps, son chant signale sa présence ; le reste du temps, elle est difficile à voir dans les bois et les broussailles. À l'automne, elle se montre davantage, dans les lierres et les sureaux, dévorant les baies qui lui fourniront l'énergie – réserves de graisse – nécessaire à son long voyage migratoire vers l'Afrique.

Les 4 ou 5 œufs éclosent après 12 jours et les jeunes s'envolent 10 jours plus tard.

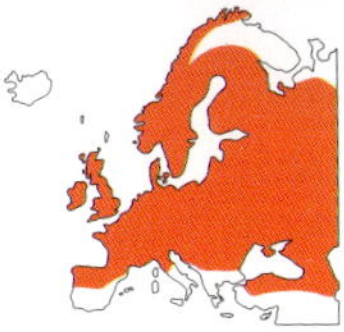

*Taille d'un rougegorge. Fauvette plutôt massive. Bec court et assez épais, tête ronde, expression douce. Œil sombre se détachant sur la face pâle unie. Se déplace dans le feuillage, sautillant assez lourdement entre les rameaux. Vol habituellement bas et rapide.*

**OÙ ET QUAND.** Presque toute l'Europe, d'avril à octobre.

**MILIEUX FAVORIS.** Fourrés, forêts avec sous-bois, buissons à baies.

OISEAUX SEMBLABLES

**Rousserolle effarvatte**, page 278, plus rousse, bec et tête allongés.
**Fauvette babillarde**, page 284, plus grise, queue bordée de blanc.
**Gobemouche gris**, page 298, se tient plus droit, finement strié.
**Pouillots**, pages 292 et 294, plus petits, plus jaunes.

# Fauvette à tête noire

*Sylvia atricapilla*

Juvénile : calotte roux vif

Femelle : plus brune que le mâle, calotte brun-roux, pas toujours très visible

Souvent assez statique, restant immobile ou sautillant lourdement dans le feuillage

Dessus brun-gris, dessous plus pâle

Mâle : dos plus gris que la femelle, poitrine gris pâle, petite calotte noire brillant

Cri dur et sonore, *tac ;* chant très sonore, flûté et mélodieux

Le comportement migratoire de la Fauvette à tête noire a changé récemment dans certaines régions d'Europe. Autrefois, toutes les Fauvettes à tête noire disparaissaient de France en hiver. Aujourd'hui, elles hivernent dans le sud et l'ouest du pays, où elles sont rejointes par des oiseaux d'Europe centrale. Elles fréquentent alors les jardins et les lieux riches en baies sauvages. Toutefois, la grande majorité des Fauvettes à tête noire arrive au printemps en Europe et en repart à l'automne. L'espèce vit dans les forêts et les parcs avec de grands arbres, et, comme la Fauvette des jardins, c'est un très grand chanteur. Leurs chants ne sont pas faciles à distinguer.

Les 5 œufs éclosent après 11 jours et les jeunes s'envolent 13 jours plus tard.

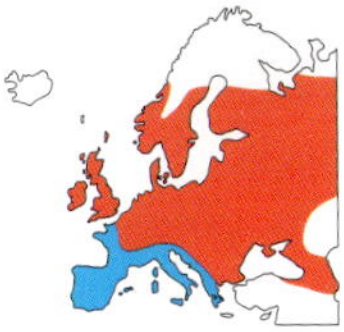

*Taille d'un rougegorge, mais plus élancée. Queue assez longue et mince. Dessus du crâne un peu bombé, accentué par le noir de la calotte du mâle. Se faufile avec aisance dans le feuillage. Se penche souvent en avant pour attraper une baie avec son bec.*

**OÙ ET QUAND.** Toute l'Europe, excepté l'extrême nord ; surtout de mars à septembre, mais toute l'année au sud et à l'ouest.

**MILIEUX FAVORIS.** Forêts, fourrés, parcs, grands jardins buissonneux.

## OISEAUX SEMBLABLES

**Mésanges boréale** et **nonnette**, page 306, bec plus petit, menton noir.
**Fauvette des jardins**, page 288, comme une Fauvette à tête noire femelle avec la tête unie.

# Pouillot siffleur

*Phylloscopus sibilatrix*

Tête verte avec un large trait jaune au-dessus de l'œil, joues et gorge jaunes

Plutôt jaune, dessus vert-jaune, ailes brunes avec les rémiges liserées de jaune et une tache sombre à l'avant

Dessous blanc soyeux

Ailes longues, souvent tombantes, ce qui est typique de dessous à contre-jour

Cri doux, plaintif, *thyu ;* deux types de chant, un *dyudyudyudyu* plaintif, et plus fréquemment une suite de *psip* s'accélérant et se terminant par un trille

Bec en grande partie orange, pattes brun rosé pâle

Poitrine parfois jaune plus pâle, le contraste jaune-blanc étant alors réduit

Pouillot siffleur
12 cm, 8-13 g

Moineau

Durant leurs migrations de printemps et d'automne, la plupart des pouillots peuvent être rencontrés le long des côtes ou à l'intérieur des terres, même où ils ne nichent pas. Toutefois, le Pouillot siffleur se rencontre rarement lors de ses migrations : il semble qu'il vole directement de l'Afrique jusqu'à sa forêt au printemps et en sens inverse à l'automne. On a le plus de chances de l'apercevoir au début du printemps, lorsque les feuilles ne sont pas encore totalement sorties, chantant dans les branches hautes de sa forêt. Plus tard, il devient presque invisible dans le feuillage dense et, en fin d'été, quand il ne chante plus, il est difficile à trouver.

Les 6 ou 7 œufs, pondus dans un nid au sol, éclosent en 13 jours et les jeunes s'envolent 11-12 jours plus tard.

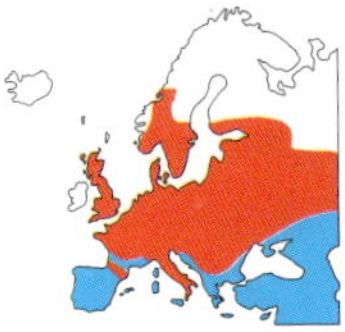

*Taille d'une Mésange charbonnière, mais plus fin. Longues ailes tombant sous la queue. Paraît net et éclatant. Se perche souvent sur les rameaux dégagés sous le feuillage des grands arbres. S'observe rarement ailleurs que dans les bois où il niche.*

**Où et quand.** La plupart de l'Europe, sauf l'Espagne et l'Irlande, d'avril à septembre.

**Milieux favoris.** Forêts avec de grands arbres, hêtres et chênes en particulier, et un sous-bois dégagé.

OISEAUX SEMBLABLES

**Pouillot fitis**, page 294, ventre moins blanc, moins de jaune aux ailes.
Pouillot de Bonelli, moins jaune à la gorge et au-dessus de l'œil.

# Pouillot véloce/P. fitis

**Pouillot véloce**
*Phylloscopus collybita*

*P. collybita :* brun olive, gris verdâtre ou brunâtre, œil cerclé de blanc (surtout visible sous l'œil), sourcil pâle plus court

*P. collybita :* dessous terne, grisâtre ou chamois

*P. collybita :* pattes toujours brun-noir très sombre

*P. collybita :* juvénile plus jaune avec un sourcil plus long que l'adulte, paraît plus rond, moins élancé que *P. trochilus*

**Pouillot fitis**
*Phylloscopus trochilus*

*P. trochilus :* ligne sombre sur l'œil avec une ligne pâle au-dessus

*P. trochilus :* dessus vert olive, parfois plus brun ou plus gris, dessous crème jaunâtre pâle

*P. trochilus :* en automne, juvénile plus jaune avec un sourcil plus marqué

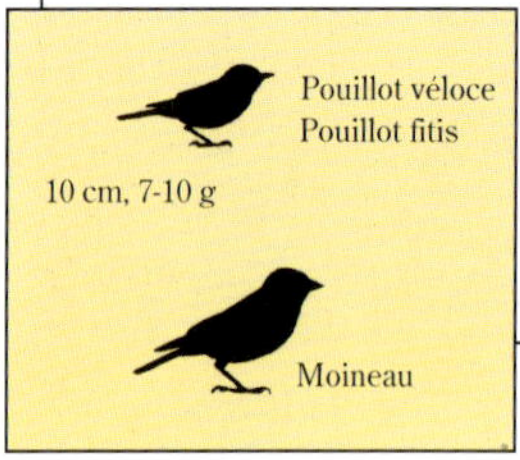


Cris : *hu-ît* doux et dissyllabique (Pouillot fitis) ; *uît* monosyllabique (Pouillot véloce)

Chants : babil liquide et descendant (Pouillot fitis) ; suite de *tsyip tsiep* monotones (Pouillot véloce)

Ce sont les deux pouillots les plus communs d'Europe. Le Pouillot véloce est le migrateur le plus précoce en Europe septentrionale, où il arrive en mars ; il est sédentaire dans le sud de l'Europe. En fin d'automne, de nombreux migrateurs sibériens peuvent être vus sur les côtes ouest-européennes. Le Pouillot fitis est un visiteur d'été plus strict qui ressemble beaucoup au Pouillot véloce, mais s'en distingue aisément par son chant. Tous deux se nourrissent d'insectes, qu'ils attrapent sur les brindilles et sous les feuilles, plutôt qu'en vol. Au printemps, le Pouillot véloce apprécie particulièrement les buissons de saules près de l'eau.

Tous deux nichent au sol ou non loin et pondent 6 œufs qui éclosent après 13 jours. Les jeunes s'envolent à 2 semaines.

◁ *Pouillot véloce : plus terne, plus rondelet et plus court d'ailes que le Pouillot fitis. En automne, les jeunes sont jaunes dessous. Agite sans cesse les ailes et la queue.*

▷ *Pouillot fitis : silhouette un peu plus élancée que le Pouillot véloce ; plumage paraissant plus soigné. Pattes et bec le plus souvent jaune orangé.*

**Où et quand.** Toute l'Europe, surtout de mars à octobre. Hiverne dans le Sud et l'Ouest.

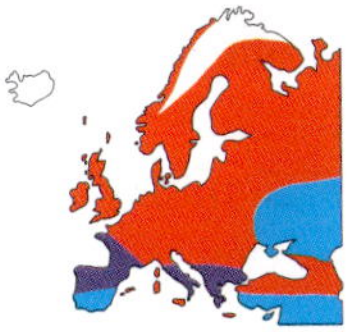

Pouillot véloce

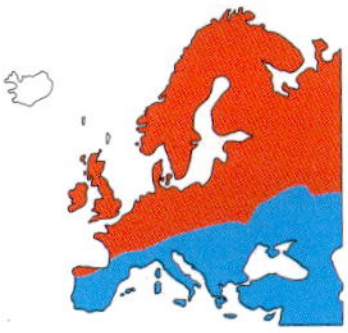

Pouillot fitis

**Où et quand.** Toute l'Europe, sauf le sud, d'avril à septembre.

**Milieux favoris.** Fourrés, lisières de forêts, jardins.

**Milieux favoris.** Fourrés, landes, lisières de forêt.

# Roitelet huppé/R. triple-bandeau

**Roitelet huppé**
*Regulus regulus*

*R. regulus :* raie jaune ou orange finement bordée de noir sur la calotte

*R. regulus :* assez terne, verdâtre dessus, plus pâle dessous

*R. regulus :* fines barres blanches et larges barres noirâtres sur les ailes

*R. regulus :* face pâle, unie avec une légère moustache sombre, œil noir ressortant sur la joue pâle

Juvénile des deux espèces sans couleur sur la calotte

**Roitelet triple-bandeau**
*Regulus ignicapillus*

*R. ignicapillus :* paraît plus coloré que *R. regulus,* dessous plus blanc

Cris fins et ténus, *tsih tsih tsih ;* chant de *R. regulus* rythmé, *sti-î sti-î sti-î sti-î sti-î sti-î pisti,* celui de *R. ignicapillus* est un *sissississississississsssîa*

*R. ignicapillus :* large raie orange bordée de noir sur la calotte ; le large sourcil blanc souligné de noir est le caractère le plus saillant

*R. ignicapillus :* tache orange ou bronze sur les côtés du cou et de la poitrine

Les deux roitelets sont considérés comme les plus petits oiseaux d'Europe, même si la Mésange noire et le Troglodyte mignon les suivent de près. Ce sont de minuscules réservoirs d'énergie, ronds et ébouriffés par temps froid pour garder la chaleur, mais fins et élancés par beau temps. Ils se signalent souvent par leurs cris, mais bien les voir dans le haut d'un grand conifère peut être difficile. Ils apparaissent minuscules et sombres à contre-jour. En automne et en hiver, on peut les voir plus bas dans les buissons où ils sont alors remarquablement confiants et viennent se nourrir à 1 ou 2 mètres.

Tous deux font de minuscules nids sous les branches. Les 7 à 10 œufs éclosent après 14-16 jours et les jeunes s'envolent 23 jours plus tard.

*Minuscules, plus petits que la Mésange bleue, rondelets, ébouriffés. Queue très fine, courtes ailes légèrement tombantes. Bec fin, pattes très minces.*
*Se faufilent acrobatiquement dans les rameaux, volettent sous les feuilles.*

△ *Roitelet huppé*

▷ *Roitelet triple-bandeau*

**OÙ ET QUAND.** Toute l'Europe, toute l'année.

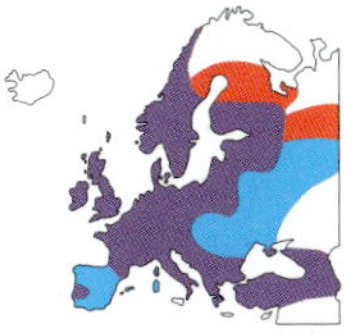

Roitelet huppé

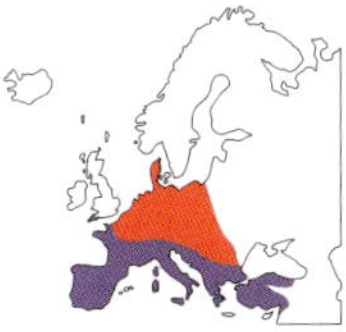

R. triple-bandeau

**OÙ ET QUAND.** Principalement dans le sud et l'ouest de l'Europe. Toute l'année.

**MILIEUX FAVORIS.** Tous types de forêts, en particulier de conifères, jardins, fourrés.

**MILIEUX FAVORIS.** Forêts mixtes, buissons de saules et de houx.

# Gobemouche gris

*Muscicapa striata*

Se tient très droit sur les poteaux, barrières, branchettes, à faible hauteur ou haut dans les arbres

Jeune : tête et dos nettement ponctués de crème et de blanc

Cri bref et sec, un *tsit* aigu ou un *tsit-tec-tec* rapide

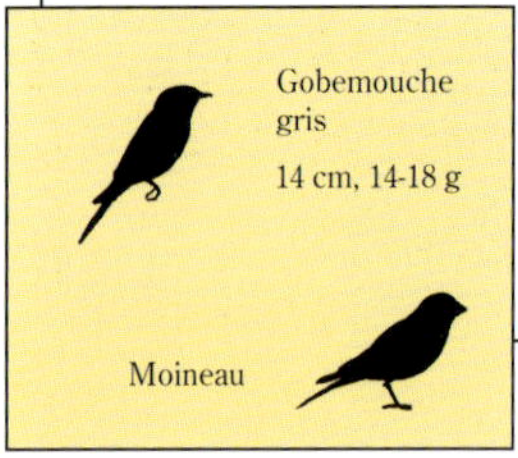


Ce petit oiseau à l'œil vif semble insignifiant : pourtant, il effectue l'aller et retour Europe-Afrique chaque année pour être là quand les insectes abondent. Il se nourrit presque entièrement d'insectes capturés en vol (les fauvettes se nourrissent surtout dans les rameaux et les feuilles). Pour cela, il se tient bien droit, à l'affût, et s'envole soudain rapidement pour capturer une mouche d'une becquée, puis retourne au même perchoir. Il fait exactement la même chose en hiver dans les forêts et savanes africaines. Le Gobemouche gris arrive très tard au printemps et retourne chaque année au même endroit, voire au même nid.

Les 4 ou 5 œufs éclosent après 12-14 jours et les jeunes s'envolent 12-13 jours plus tard.

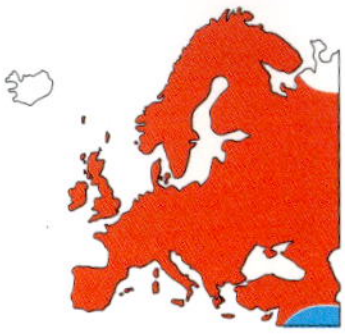

*Plus petit qu'un moineau. Silhouette dressée, pattes très courtes. Bec mince. Reste immobile ou change de perchoir et se déplace rarement dans le feuillage. Ailes longues, pointues, tenues le long de la queue. Écarte souvent les ailes et relève la queue. Solitaire.*

**Où et quand.** Toute l'Europe, de mai à septembre.

**Milieux favoris.** Clairières forestières, jardins, parcs, cimetières boisés.

## OISEAUX SEMBLABLES

**Fauvette des jardins**, page 288, silhouette différente, plus horizontale, ailes plus unies. **Gobemouche noir** femelle, page 300, comportement identique, mais aile noire marquée de blanc (et non crème).

# Gobemouche noir

*Ficedula hypoleuca*

Gros œil noir, petit bec noir, pattes noires

En automne, souvent plus terne, tête plus sombre, gorge pâle bordée de brun

Femelle : semblable, mais brun et blanc, sans taches au front

Mâle : noir (certains bruns) et blanc, dessous blanc, points blancs au front, taches blanches sur l'aile

Queue bordée de blanc ; juvénile moucheté de pâle sur le dos

Habituellement dans les arbres, très discret après juillet, mais migrateurs visibles presque partout

Cri aigu, *pitt*

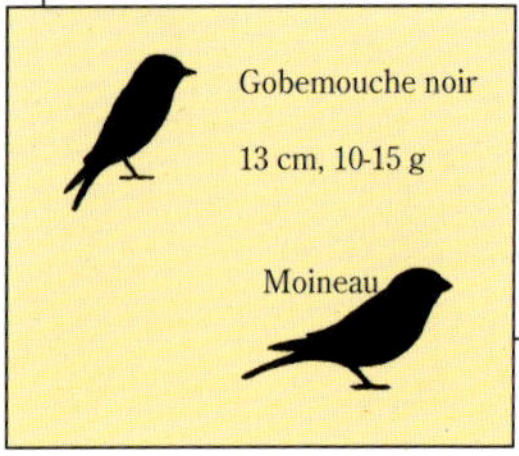


Le Gobemouche noir a une répartition très curieuse. Dans certaines forêts, il est complètement absent et l'a toujours été, alors que l'environnement ne semble pas différent de celui des forêts où il niche. En France, le Gobemouche noir se reproduit très sporadiquement dans le Centre, le Nord-Est, le sud du Massif central et le nord des Alpes. Le Gobemouche noir se tient immobile parmi les feuilles, difficile à voir (surtout en fin d'été), voletant vers les clairières pour attraper des mouches ou tombant brièvement au sol pour manger une larve. Il fait son nid dans une cavité d'arbre et utilise volontiers les nichoirs artificiels installés à son intention.

Les 5 à 9 œufs éclosent après 12-13 jours et les jeunes s'envolent 13 jours plus tard.

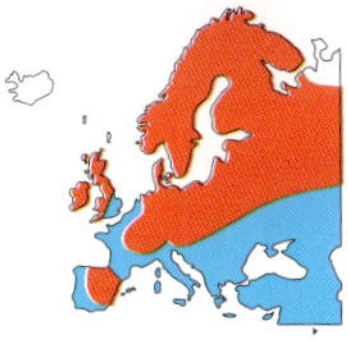

*Taille d'un rougegorge. Silhouette élancée, queue plutôt courte, ailes longues souvent tombantes. Tête ronde, bec court, pattes courtes. Queue souvent étalée et relevée. Descend volontiers au sol. Sautille d'une branchette à l'autre, s'envole pour attraper un insecte.*

**OÙ ET QUAND.** Europe occidentale, centrale et septentrionale, d'avril à octobre.

**MILIEUX FAVORIS.** Vieilles forêts (en particulier de chênes) avec clairières, forêts riveraines.

## OISEAUX SEMBLABLES

**Gobemouche gris**, page 298, plus élancé, queue plus longue, se tient plus droit, aile marquée de crème (et non de blanc). **Pinson des arbres** femelle, page 340, bec épais, deux larges barres blanches sur l'aile.

# Panure à moustaches

Parmi les passereaux d'Europe, peu sont aussi intimement liés à un habitat particulier que la Panure à moustaches. Elle niche seulement dans les roselières et y passe toute sa vie si elle le peut. Mais quand les effectifs sont élevés et la nourriture rare, certains individus se déplacent dans des lieux inhabituels – massifs de joncs et de massettes – pour y trouver à manger. L'espèce niche dans les feuilles au pied des roseaux et se nourrit de graines de roseaux qu'elle trouve au sol ou dans les touffes duveteuses. On la voit peu par grand vent, car elle reste au pied des tiges, mais elle les survole souvent d'un vol rapide en poussant ses cris tintants : *ping ping.*

Les 5 à 7 œufs éclosent après 12-13 jours et les jeunes s'envolent 9-12 jours plus tard.

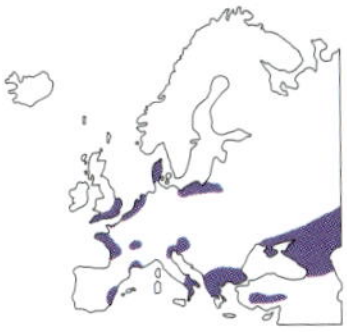

*Taille d'une fauvette, mais longue queue arrondie. Petit bec triangulaire, pattes puissantes. Mâle très coloré, femelle et jeune moins marqués à la tête. Grimpe aux tiges de roseaux ou sautille au sol, soulevant parfois les feuilles mortes.*

**Où et quand.** Très sporadique en Europe, toute l'année.

**Milieux favoris.** Massifs de roseaux.

## OISEAUX SEMBLABLES

**Rémiz penduline**, en Europe centrale et orientale, semblable, mais plus petite, masque noir (pas de moustache), queue courte.

# Mésange à longue queue

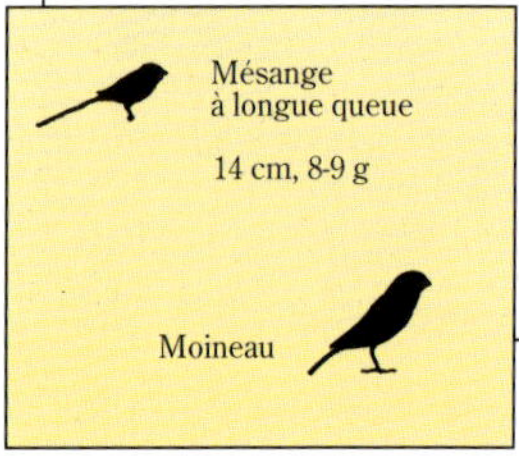


La Mésange à longue queue n'est pas une véritable mésange. Elle est bien différente et vit surtout en groupes familiaux. Il semble que plusieurs oiseaux, et non un couple, s'occupent du nid, boule de mousse, de lichens et de plumes. Ces groupes rôdent ensuite ensemble, souvent dans les saules et les aulnes en milieu marécageux, le long des cours d'eau, ou encore le long des haies, criant sans cesse pour garder le contact, guettant les prédateurs et se prévenant mutuellement du danger. Ils ont ainsi de meilleures chances de trouver à manger, quand plusieurs paires d'yeux inspectent les buissons. Ces troupes se mêlent souvent à d'autres mésanges, aux pinsons et aux pouillots.

Les 8 à 12 œufs éclosent après 14-18 jours et les jeunes s'envolent à 15-16 jours.

*Extrêmement petite, sauf la queue, très longue et fine. Petite tête ronde, bec très petit. Ressemble à une petite boule avec une longue plume. Souvent en groupes de cinq à vingt oiseaux qui se suivent en ligne d'un buisson à l'autre. Très acrobate.*

**OÙ ET QUAND.** Toute l'Europe, toute l'année.

**MILIEUX FAVORIS.** Lisières de forêts, haies épaisses, ronces, broussailles.

OISEAUX SEMBLABLES

Aucun.

# Mésange nonnette/M. boréale

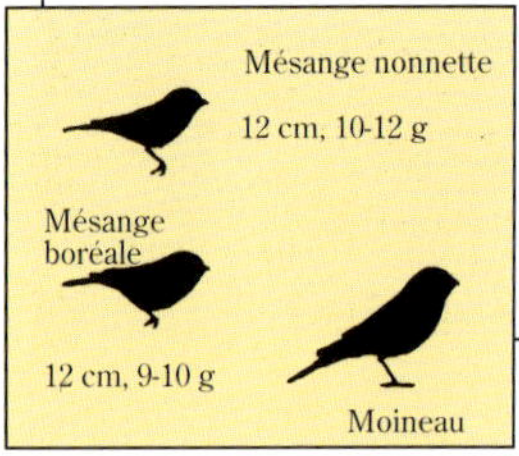


Peu d'espèces d'oiseaux se ressemblent à ce point, sauf peut-être les Pouillots véloce et fitis, les Sternes pierregarin et arctique ou encore les Rousserolles effarvatte et verderolle. Ce n'est qu'au XIX^e^ siècle que les spécialistes se sont aperçus qu'il s'agissait de deux espèces différentes. Leurs cris permettent de les identifier, mais leurs mœurs et leur habitat sont aussi des indices. Pourtant, malgré cela, on peut les voir toutes deux dans un même bois ou un même jardin. Elles se joignent aux troupes d'autres mésanges en automne et en hiver, mais on les voit aussi souvent seules ou par deux, alors plus discrètes. Malgré leurs couleurs ternes, elles méritent d'être vues de près.

Les 8 ou 9 œufs éclosent après 13-14 jours et les jeunes s'envolent après 16-19 jours.

◁ *Mésange nonnette : paraît plus élancée, plus pâle, un peu plus grise. Les deux espèces sont plus petites qu'une Mésange charbonnière ou qu'un Rougegorge familier. Plumage sans jaune, ni vert, ni bleu.*

▷ *Mésange boréale : paraît plus compacte, cou épais, plumage ébouriffé, bavette plus large.*

**OÙ ET QUAND.** La plupart de l'Europe, toute l'année.

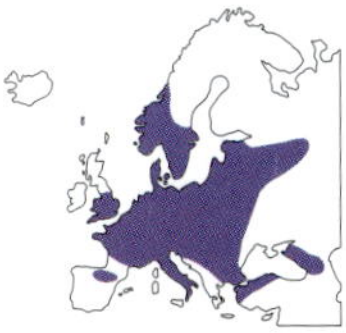

Mésange nonnette

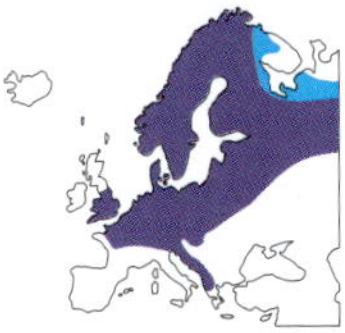

Mésange boréale

**OÙ ET QUAND.** Une grande partie de l'Europe, sauf le sud et l'ouest, toute l'année.

**MILIEUX FAVORIS.** Bois, fourrés.

**MILIEUX FAVORIS.** Bois, fourrés, broussailles, haies.

# Mésange huppée

*Parus cristatus*

Cri doux et roulé, *pit-rrrrru,* souvent combiné à des cris fins, *si si*

La Mésange huppée s'éloigne très peu de l'endroit où elle est née et passe toute sa vie dans la même zone boisée. En hiver, elle devient toutefois erratique et effectue des mouvements de transhumance dans les Alpes. Elle est extrêmement liée aux conifères, mais se rencontre aussi dans les forêts mixtes. Par endroits, elle fréquente les nourrissages hivernaux, mais elle reste rare dans les jardins. En revanche, elle est commune dans les forêts de montagne, où elle se signale par ses petits cris roulés. Comme beaucoup d'oiseaux forestiers, il n'est pas toujours facile de la repérer dans le feuillage. En hiver, elle se joint volontiers aux troupes d'autres mésanges et de roitelets.

Les 5 à 6 œufs éclosent en 13-15 jours et les jeunes s'envolent après 17-18 jours.

*Taille de la Mésange bleue. Terne, sans jaune, ni bleu. Huppe pointue à l'arrière de la tête, relevée quand l'oiseau est excité. Petit bec noir. Comportement typique des mésanges, très active, se suspend sous les branches et explore les branches et les troncs.*

**OÙ ET QUAND.** La plupart de l'Europe, toute l'année.

**MILIEUX FAVORIS.** Forêts de pins, d'épicéas et de sapins, lisières de forêts mixtes, souvent en montagne.

## OISEAUX SEMBLABLES

**Mésange noire**, page 310, tache blanche à la nuque, pas de crête.
**Mésanges nonnette** et **boréale**, page 306, calotte noire unie.

# Mésange noire

*Parus ater*

Cris fins et aigus, *psiit, psî* ou encore *tsii sii sii sii*

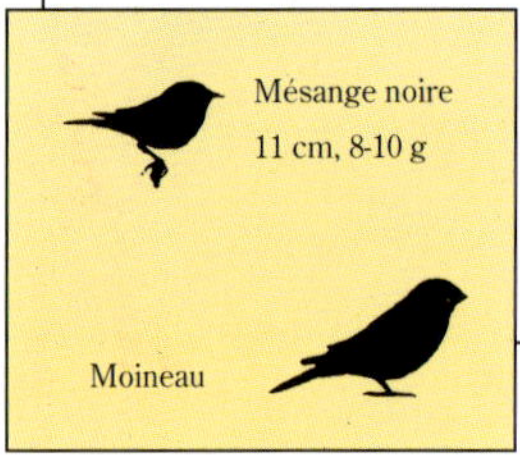


C'est l'un des plus petits oiseaux d'Europe : elle n'est guère plus grosse qu'un Roitelet huppé. C'est un acrobate né, qui se nourrit en se suspendant sous les rameaux les plus fins pour atteindre les graines d'un cône d'épicéa. Elle présente la particularité de faire des réserves de graines, qu'elle revient manger plus tard quand la nourriture manque. Ces réserves lui sont très utiles en hiver, mais la plupart de celles-ci se trouvent parmi les feuilles et les cônes et sont en fait retrouvées par hasard lorsque la Mésange noire inspecte ces endroits à la mauvaise saison.

La Mésange noire niche dans une cavité, souvent au sol dans un talus ou un ancien terrier de rongeur. Les 7 à 11 œufs éclosent après 17-18 jours et les jeunes s'envolent à 16 jours.

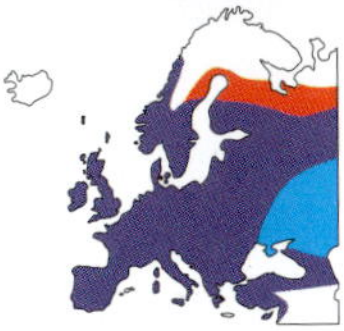

*Plus petite qu'une Mésange bleue. Rondelette ou élancée selon la température. Tête paraissant grosse. Se déplace lentement dans le haut des arbres, seule ou en troupes lâches. Garde le contact avec ses congénères en poussant d'incessants petits cris fins.*

**OÙ ET QUAND.** Presque toute l'Europe, toute l'année.

**MILIEUX FAVORIS.** Bois mixtes et forêts de conifères, se tient souvent dans les conifères, mais aussi dans les bois de chênes et de hêtres ou les parcs.

## OISEAUX SEMBLABLES

**Mésanges nonnette** et **boréale**, page 306, pas de blanc à la nuque, ni sur l'aile.

# Mésange bleue

*Parus caeruleus*

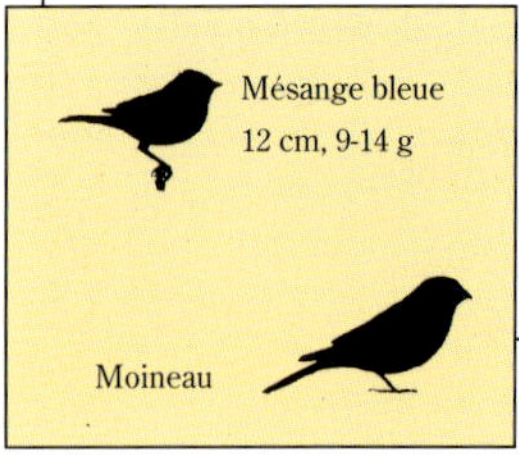


Tout le monde connaît la Mésange bleue, car c'est l'un des oiseaux les plus familiers des jardins et des nourrissages hivernaux. On peut difficilement la confondre avec une autre espèce, cependant elle est parfois prise pour une Mésange charbonnière. Lorsque l'on voit une ou deux Mésanges bleues à une table de nourrissage hivernal, il y en a en fait dix ou vingt qui visitent le jardin en alternance dans la journée. La Mésange bleue mène une vie vagabonde, notamment en hiver, et les troupes sont grandes, mais très lâches, parfois mêlées à d'autres petites espèces – roitelets, autres mésanges. Les Mésanges bleues gardent le contact entre elles par des cris fréquents.

Les 7 à 14 œufs éclosent après 13-14 jours et les jeunes s'envolent à 19 jours.

*Très petite. Corps rondelet, queue fine et carrée. Tête ronde, front abrupt, bec très court. Pattes puissantes lui permettant de s'accrocher aux tiges, rameaux et branches. Vol rapide et vibrant, avec des arrêts soudains sur des perchoirs.*

**Où et quand.** Toute l'Europe, sauf l'extrême nord, toute l'année.

**Milieux favoris.** Bois mixtes, parcs, jardins, roselières (en hiver).

## OISEAUX SEMBLABLES

**Mésange charbonnière**, page 314, plus grande, tête noire avec les joues blanches, plus de noir sous le ventre.

# Mésange charbonnière

*Parus major*

Chant aigu et sonore, *tî-tyu tî-tyu* ou *tititu tititu*

De taille intermédiaire entre un Moineau domestique et une Mésange bleue, la Mésange charbonnière est un petit oiseau qui possède la puissance et la combativité d'un gros. Elle domine aux tables de nourrissage, jusqu'à l'arrivée d'un Pic épeiche ou d'un Étourneau sansonnet. Dans les forêts, son habitat d'origine, elle vit dans les arbres matures, mais se nourrit souvent au sol, à la base des troncs et parmi les feuilles mortes. Elle est plus adroite que la Mésange bleue pour ouvrir les graines en les coinçant dans l'écorce d'un arbre, mais moins agile que cette dernière dans les rameaux fins.

Elle niche dans une cavité d'arbre ou sur un nichoir artificiel. La femelle pond de 5 à 14 œufs qui éclosent après 13-14 jours. Les jeunes s'envolent au bout de 19 jours.

*Petite, mais robuste. Pattes puissantes, bec court et épais. Frappe souvent de façon sonore avec son bec. Explore les feuilles mortes, les vieilles écorces et le feuillage, pour y trouver chenilles, araignées, baies et graines. Cris sonores très variés.*

**OÙ ET QUAND.** Répandue dans toute l'Europe, toute l'année.

**MILIEUX FAVORIS.** Bois, jardins, parcs, haies, en particulier dans les chênes et hêtres matures, mais aussi les vieilles forêts de conifères.

## OISEAUX SEMBLABLES

**Mésange bleue**, page 312, tête plus blanche, calotte bleue, queue plus bleue et plus courte, ligne noire plus fine sous le ventre.
**Mésange noire**, page 310, plus petite, sans vert, ni jaune, tache blanche allongée sur la nuque.

# Sittelle torchepot

*Sitta europaea*

La Sittelle torchepot est un oiseau étrange. Elle est pleine de caractère, nerveuse, sans cesse en mouvement, sautillant, escaladant les arbres et les branches et descendant les troncs la tête en bas. La Sittelle torchepot fréquente les jardins en hiver. Le reste de l'année, c'est un oiseau forestier qui se nourrit aussi bien entre les racines, le long des branches mortes ou au sol que dans les hautes branches des arbres. Elle a la curieuse habitude de maçonner l'entrée de son nid avec de la boue humide. Même un nichoir dont l'entrée a le bon diamètre subira ce traitement. Son but est de réduire les grands trous à une taille minimale qui empêche l'accès de gros oiseaux et d'écureuils.

Les 6 à 11 œufs éclosent après 14-15 jours et les jeunes restent au nid 23-25 jours.

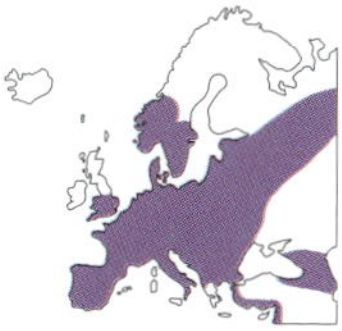

*Taille d'une Mésange charbonnière. Forme allongée étrange, tête aplatie dans l'axe du dos, queue courte et carrée. Pattes robustes lui permettant de grimper aux arbres. Picore souvent bruyamment contre les troncs. Très loquace au printemps.*

**OÙ ET QUAND.** Toute l'Europe, sauf l'extrême nord-ouest, toute l'année.

**MILIEUX FAVORIS.** Forêts de feuillus et bois mixtes, en particulier avec des chênes et des hêtres, parcs.

OISEAUX SEMBLABLES

Aucun autre oiseau commun n'a cette silhouette particulière, ni cette coloration.

# Grimpereaux

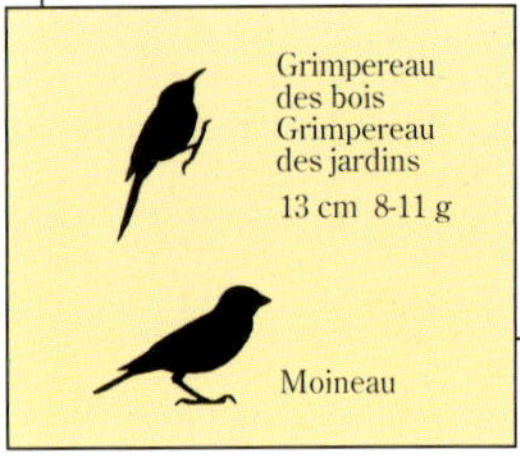


En Europe, il n'y a pas de problème d'identification plus difficile que celui des deux grimpereaux. En fait, même des observateurs expérimentés ne parviennent pas toujours à les différencier. On ne peut vraiment les identifier avec certitude que lorsqu'ils chantent. Tous deux se déplacent en escaladant les troncs et les branches comme des souris. Contrairement à la Sittelle torchepot, ils prennent appui sur leurs pattes et leur queue pour s'accrocher à l'écorce et, s'ils peuvent se suspendre sous les branches, ils ne descendent pas les troncs la tête en bas, mais à reculons. Ils mangent des insectes et des araignées et jamais des graines.

Leurs 6 œufs, pondus dans un nid sous une écorce lâche, éclosent après 17-20 jours et les jeunes s'envolent 14-15 jours plus tard.

*Tous deux sont fins et élancés. Bec fin et arqué, pattes courtes, mais ongles longs et pointus. Queue rigide, pointue ou fourchue, servant d'appui. Escaladent les troncs en décrivant des spirales, puis volent au pied d'un autre arbre et recommencent.*

△ *Grimpereau des bois*

▷ *Grimpereau des jardins*

**OÙ ET QUAND.** Une grande partie de l'Europe, toute l'année. En France, surtout en montagne, mais localement en plaine.

Grimpereau des bois

Grimpereau des jardins

**OÙ ET QUAND.** Europe moyenne et du sud, toute l'année. En France, plus commune en plaine qu'en altitude.

**MILIEUX FAVORIS.** Bois mixtes et forêts de conifères.

**MILIEUX FAVORIS.** Bois mixtes, parcs, grandes haies, forêts de conifères.

# Pie-grièche grise/P. écorcheur

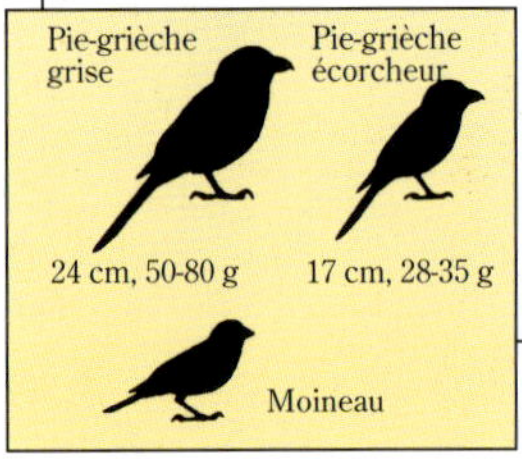


Les pies-grièches chassent à l'affût au sommet d'un buisson, d'un fil ou d'un poteau. Au moindre mouvement, elles fondent sur la proie, la capturent avec leurs pattes et la tuent avec leur bec crochu. Elles empalent leurs proies – gros insectes, lézards, petits rongeurs, oisillons – sur des épines ou des fils barbelés, afin de les maintenir pour les manger facilement. Parfois la proie est abandonnée ainsi et consommée plus tard. Les pies-grièches sont en déclin en Europe et ont déjà disparu de régions où elles étaient autrefois communes. Il est difficile de savoir pourquoi, mais les changements de mode d'agriculture ont probablement rendu leurs proies moins abondantes.

Les 5 ou 6 œufs éclosent après 14-16 jours et les jeunes s'envolent 15 jours plus tard.

*Longue queue, plutôt arrondie au bout. Bec puissant, légèrement crochu. Se perchent sur des branchettes, des branches mortes, des tiges, au sommet des buissons, ou sur des fils, mais mènent une vie très secrète. Pie-grièche grise plus grande, queue plus longue.*

△ *Pie-grièche grise*

▷ *Pie-grièche écorcheur*

**OÙ ET QUAND.** La plupart de l'Europe, toute l'année. Les oiseaux nordiques migrent dans le Sud en hiver.

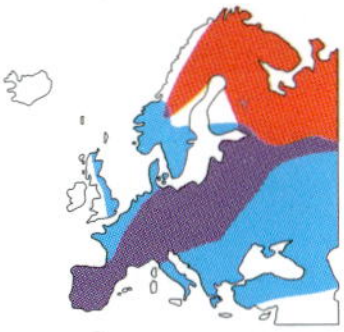

Pie-grièche grise

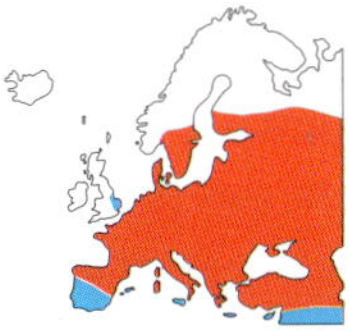

Pie-grièche écorcheur

**OÙ ET QUAND.** La plupart de l'Europe, d'avril à octobre.

**Milieux favoris.** Terrains buissonneux, lisières forestières, bocages.-

**Milieux favoris.** Haies épineuses, landes, friches, broussailles.

# Geai des chênes

*Garrulus glandarius*

On prétend que les forêts de chênes ne seraient pas aussi répandues en Europe s'il n'y avait pas de geais. Les glands ne roulent pas loin et ne remontent pas les pentes, mais le Geai des chênes en transporte des milliers, des bois vers la campagne où il les enterre. Beaucoup sont retrouvés et mangés plus tard, même au printemps suivant quand le Geai des chênes nourrit ses jeunes, mais d'autres sont oubliés et germent pour donner de petits chênes. Le Geai des chênes est persécuté dans de nombreuses régions, mais cause peu de dégâts : il mange pratiquement de tout et, s'il dérobe quelques œufs et oisillons, il n'est globalement pas une menace pour les passereaux et mérite d'être protégé.

Les 5 ou 6 œufs éclosent après 16 jours et les jeunes s'envolent à 20 jours.

*Plus gros qu'une grive, plus petit qu'une corneille. Paraît pâle, brun rosé avec des taches noires et blanches en vol. Ailes larges, arrondies, lui donnant un vol curieux, souple et mal assuré. Au sol, se déplace en bondissant. On le repère quand il s'envole en criant.*

**OÙ ET QUAND.** Toute l'Europe, toute l'année.

**MILIEUX FAVORIS.** Vieilles chênaies, bois mixtes, zones agricoles avec de vieux arbres et de grandes haies, parcs.

## OISEAUX SEMBLABLES

**Huppe fasciée**, page 214, bec fin, ailes barrées sans bleu, queue barrée, moins souvent dans les arbres.

# Pie bavarde

*Pica pica*

La Pie est autant appréciée que détestée. Certes, elle pille les nids et mange de nombreux œufs et oisillons – mais elle l'a toujours fait. Là où on l'a persécutée, ses effectifs sont fortement réduits. Les augmentations récentes traduisent un retour à la normale et sont le résultat de la vie facile que mènent les pies autour des villes, où elles trouvent de nombreux déchets à manger. Souvent en groupes de trois ou quatre, parfois plus, la Pie bavarde rôde à la recherche de gros insectes et de vers de terre. Sa longue queue faisant office de balancier, ses cris sonores et son comportement rude la rendent très typique.

Les 5 à 8 œufs, pondus dans un nid de branchettes en dôme, éclosent après 17-18 jours. Les jeunes s'envolent au bout de 22-27 jours.

*Plus grosse qu'un pigeon, longue queue étagée. Ailes courtes et arrondies donnant l'impression d'un vol souple et mal assuré, pourtant la Pie bavarde peut être très habile en vol. Se déplace au sol en sautillant. Se signale à ses jacassements très sonores.*

**Où et quand.** Toute l'Europe, toute l'année.

**Milieux favoris.** Haies, bosquets, lisières de forêts, jardins.

OISEAUX SEMBLABLES

**Geai des chênes**, page 322, moins noir et blanc.
**Pies-grièches**, page 320, beaucoup plus petites.

# Crave à bec rouge

Le Crave à bec rouge est un oiseau fantastique. Il est apparenté aux corbeaux, et paraît tout noir, mais il se nourrit seulement de fourmis et d'autres minuscules insectes et araignées. En vol, il plonge à la verticale, puis remonte soudain, comme s'il s'agissait d'un jeu. Les couples, familles ou groupes hivernaux, se déplacent et jouent ensemble dans les courants aériens autour des falaises et des cimes, en criant sans cesse. L'espèce n'est habituellement pas commune, sauf dans quelques montagnes du sud de l'Europe, où les troupes peuvent atteindre des centaines d'individus au cours des mois d'hiver.

Le nid est construit sous une corniche, dans une grotte ou une falaise. Les 3 à 6 œufs éclosent après 17-18 jours et les jeunes s'envolent après 38 jours.

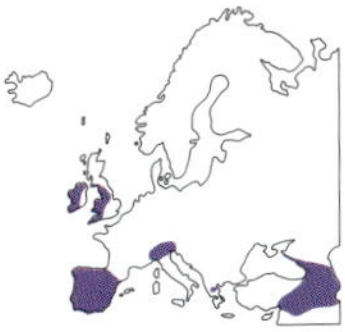

*Taille d'un pigeon, ailes longues et fines. Bec mince, peu arqué. Ailes paraissant rectangulaires avec l'extrémité digitée. Queue carrée. Au sol, se déplace en marchant. Sonde le sol avec son bec. En vol, va et vient avec les ailes closes, plane, glisse et plonge.*

**Où et quand.** Côtes bretonnes, irlandaises et galloises, Alpes, massifs montagneux d'Europe méridionale, Espagne.
Toute l'année.

**Milieux favoris.** Falaises, gorges, herbe rase au sommet des falaises côtières.

## OISEAUX SEMBLABLES

**Choucas des tours**, page 328, ailes plus arrondies, queue plus longue, cou gris.
**Chocard à bec jaune** (Alpes et Pyrénées), bec jaune et non rouge, ailes arrondies au bout, queue plus longue et plus arrondie.

# Choucas/Corbeau freux

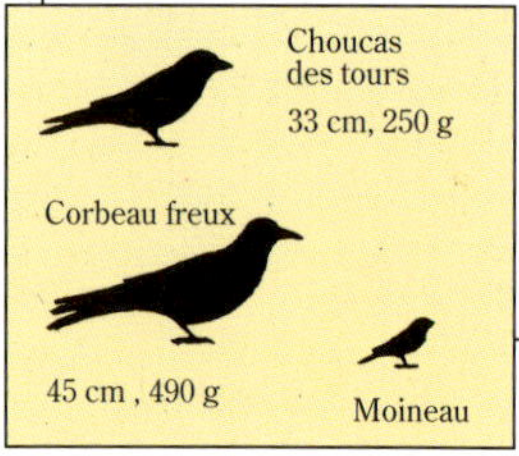


Corneille noire très semblable au Corbeau freux, mais bec plus épais, tête plus plate, ailes et queue plus carrées

Cri rauque, *kââh* (*C. frugilegus*) ; cri sonore et sec, *tchiac* (*C. monedula*)

Corbeaux freux et Choucas des tours se rencontrent souvent ensemble ; tous deux sont des oiseaux sociables, appréciant la compagnie de dizaines ou de centaines de leurs congénères. Le Corbeau freux est un gros oiseau, fréquent en plaine dans les zones d'élevage, où il peut être abondant. Il niche en colonies, ou corbeautières, construisant de gros nids de branchettes dans le haut des plus grands arbres d'un bois ou d'un bosquet. Ses 3 à 5 œufs éclosent en 16-18 jours.

Le Choucas des tours est plus petit et habite les parcs boisés, les campagnes cultivées, les villes, les carrières et les falaises reculées. Il niche dans des cavités de tous types, des falaises aux clochers ou aux grands arbres. Ses 4 à 6 œufs éclosent après 17-18 jours.

◁ *Choucas des tours : taille d'un pigeon, plus délicat, plus vif ; en vol, ailes plus arrondies non digitées. Souvent en compagnie de Corbeaux freux.*

▷ *Corbeau freux : plus gros qu'un pigeon, paraît négligé avec son long bec pointu, son front abrupt et les plumes lâches des « culottes » ; en vol, longues ailes digitées. Immature : face toute noire.*

**Où et quand.** Toute l'Europe, sauf l'extrême nord, toute l'année.

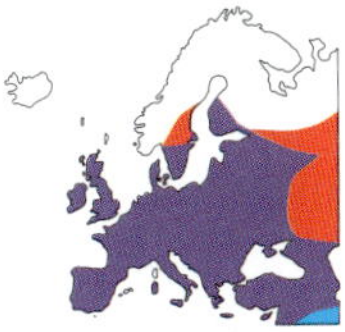

Choucas des tours

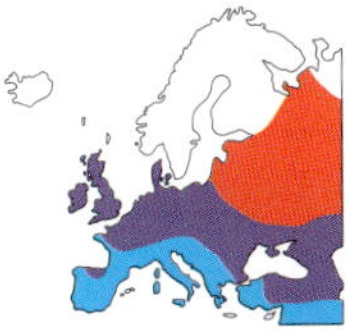

Corbeau freux

**Où et quand.** La plupart de l'Europe, excepté le Grand Nord, toute l'année ; Europe méridionale, en hiver seulement.

**Milieux favoris.** Zones d'élevage, bois, parcs, villes, falaises et carrières.

**Milieux favoris.** Zones d'élevage, bois, parcs.

# Corneille noire/C. mantelée

*Corvus corone*

Cris profonds, rauques et croassants

Les deux forment une seule espèce. Dans la plus grande partie de l'Europe de l'Ouest, la Corneille noire est la forme habituelle. La Corneille mantelée, gris et noir, vit à l'est d'une ligne reliant la Corse et la Scandinavie, ainsi que dans le nord des îles Britanniques. Presque tout le monde est hostile à la corneille, principalement à cause de la superstition qui touche les gros oiseaux noirs réputés « diaboliques ». Les corneilles nichent dans de grands arbres, mais dans le Grand Nord, elle s'installe aussi dans des falaises. Non persécutée, elle devient familière dans les parcs urbains ou autour des grands parkings où elle ramasse les détritus.

Les 4 ou 5 œufs éclosent après 18-21 jours et les jeunes quittent le gros nid de branchettes à 4 ou 5 semaines.

*Plus grosse qu'un pigeon. Massive et robuste. Bec épais et pointu. Plumage très dense. Longues ailes digitées, queue carrée. Souvent solitaire, mais habituellement en couples et parfois en groupes plus importants.*

**OÙ ET QUAND.** Toute l'Europe, toute l'année. La Corneille mantelée migre au sud et à l'ouest en hiver. Présente en Corse toute l'année.

**MILIEUX FAVORIS.** Campagnes cultivées, landes buissonneuses, rivages.

## OISEAUX SEMBLABLES

**Corbeau freux**, page 328, bec plus mince, crâne bombé, « culottes » de plumes sur les pattes.

**Grand Corbeau**, page 332, plus grand, queue en forme de losange, ailes plus longues et étroites.

# Grand Corbeau

C'est le plus grand corvidé du monde, mais, à distance, il n'est pas toujours évident de voir qu'il est plus gros qu'une corneille. De près ou à côté d'un autre oiseau, sa taille et son bec énorme sont frappants. Le Grand Corbeau se rencontre habituellement en couples, mais les jeunes oiseaux, sans partenaire ni territoire, forment des troupes parfois importantes. En général, ils trouvent une falaise avec de puissants courants d'air ascendants et effectuent des acrobaties tous ensemble. L'une d'elles, qui fait partie de la parade nuptiale, est un vol sur le dos, ailes closes. Le Grand Corbeau construit un énorme nid de branchages dans une falaise ou sur un grand arbre.

Les 4 à 6 œufs éclosent après 20-21 jours, mais les jeunes restent au nid durant 5 ou 6 semaines.

*Stature puissante, très grosse tête accentuée par la « barbe » hérissée et les plumes ébouriffées du cou (même en vol). Ailes longues paraissant coudées, souvent certains plumes manquent pendant la mue. Queue longue et large, en forme de losange ou cunéiforme.*

**Où et quand.** La plupart de l'Europe, sauf en plaine en France et aux Pays-Bas ; toute l'année.

**Milieux favoris.** Régions montagneuses, landes, falaises, côtes, carrières.

## OISEAUX SEMBLABLES

**Corneille noire**, page 330,
plus petite, queue carrée.
**Corbeau freux**, page 328,
plus petit, queue arrondie, face nue, bec plus fin.

# Étourneaux

## Étourneau sansonnet
*Sturnus vulgaris*

*S. vulgaris* juvénile : brun souris avec un trait sombre entre le bec et l'œil, bec sombre ; à l'automne, comme l'adulte, sauf la tête brun pâle

*S. vulgaris :* couvert de points crème en hiver ; en été, beaucoup moins moucheté, quelques points sur le dos, liserés brun pâle aux ailes (en vol, ailes brunes), marques pâles sous la queue

## Étourneau unicolore
*Sturnus unicolor*

*S. unicolor* (été) : paraît noir huileux avec du pourpre terne sur la poitrine, longues plumes hérissées à la gorge et sur la poitrine

*S. unicolor :* rémiges à bout pâle, mais sans liseré brun ; en vol, ailes noires pouvant sembler rousses

*S. unicolor* (hiver) : très petits points pâles à la tête, sur le dos et le ventre

Cris sonores : *tchîr (S. vulgaris) ; pouîîîî (S. unicolor)*

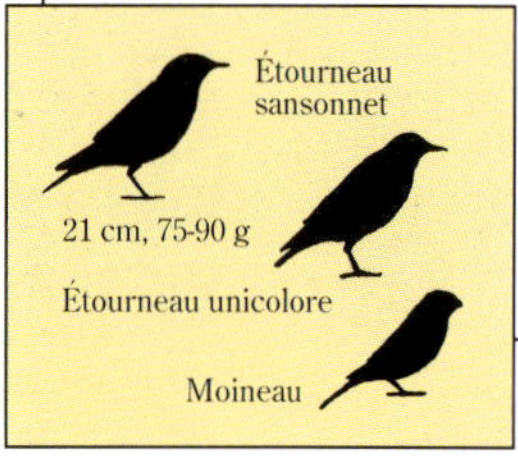


L'Étourneau sansonnet est un oiseau familier bien connu, toujours en groupe et toujours affairé. Des vols de centaines ou de milliers d'oiseaux peuvent être observés, et des dortoirs comptant plusieurs centaines de milliers d'étourneaux se forment souvent en ville.

L'Étourneau unicolore vit en Espagne et autour de la Méditerranée occidentale, où il remplace l'Étourneau sansonnet en été (en hiver, ce dernier migre vers le sud et hiverne dans ces régions). Bien que les deux espèces soient fréquemment liées à l'homme – elles nichent sous les toits et dans les bâtiments et se nourrissent dans les jardins et autour des villages –, on peut aussi les trouver dans des habitats très sauvages.

Les 5 à 7 œufs éclosent après 12-13 jours et les jeunes s'envolent 20-22 jours plus tard.

*Tous deux sont plus petits que le Merle noir. Marche rapide avec la tête qui dandine. Sondent souvent le sol avec leur bec. En vol, ailes pointues, queue courte. Vol direct et rapide, mais les vols effectuent des mouvements ascendants et descendants et des effets de spirales. Les deux espèces chantent en position dressée et ondulent lentement.*

◁ *Étourneau sansonnet : noir brillant avec des reflets verts et pourpres sur le corps et le cou. Bec jaune à base bleue (mâle) ou rose (femelle), pattes fortes, rose orangé.*

▷ *Étourneau unicolore*

**Où et quand.** Toute l'Europe au nord des Pyrénées ; en été seulement, dans le Nord et l'Est. Autour de la Méditerranée en hiver.

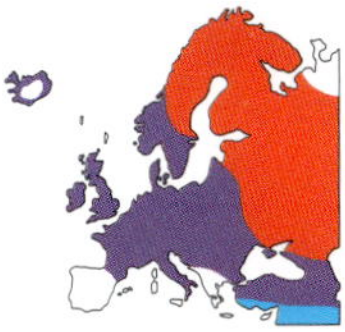

Étourneau sansonnet

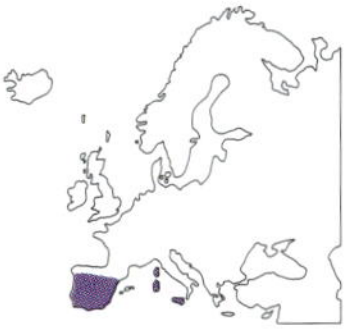

Étourneau unicolore

**Où et quand.** Espagne, sud de la France (Languedoc-Roussillon), Corse, Sardaigne, Sicile. Toute l'année.

**Milieux favoris.** Bois, landes, zones agricoles, villages, parcs, jardins.

**Milieux favoris.** Vieux villages, fermes, champs.

# Jaseur boréal

Le Jaseur boréal est un oiseau magnifique qui vit dans les régions arctiques. En hiver, l'espèce est généralement rare en Europe de l'Ouest, mais lorsque les effectifs sont très élevés dans le Grand Nord et que les baies viennent à manquer, elle migre en nombre vers le sud et l'ouest pour trouver à manger. Des troupes, comptant plusieurs dizaines d'oiseaux, atteignent alors les Pays-Bas, la Belgique et la moitié nord de la France, mais aussi la Grande-Bretagne et même l'Irlande. Des oiseaux isolés ou en petits groupes, souvent peu farouches, sont alors vus dans les jardins et les parcs. Ils se nourrissent de baies, qu'ils attrapent de façon acrobatique, comme de petits perroquets. En été, le Jaseur boréal vit dans les grandes forêts denses d'épicéas mêlés de bouleaux.

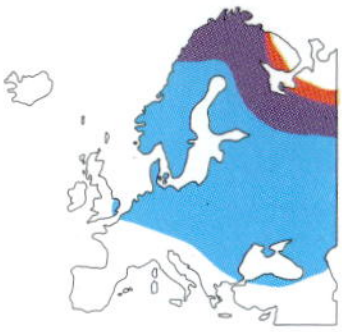

*Taille d'un étourneau, grosse tête avec une huppe, queue courte, bec épais, pattes très courtes. Très coloré en plein soleil, mais peut paraître sombre ou grisâtre par mauvaise lumière. Se signale par ses cris roulés très aigus. En vol, silhouette rappelant un étourneau.*

**OÙ ET QUAND.** Extrême nord de la Scandinavie en été. Plus au sud et à l'ouest en hiver. Habituellement rare en France.

**MILIEUX FAVORIS.** Forêts denses en hiver, parcs, jardins, fourrés et haies riches en baies.

## OISEAUX SEMBLABLES

**Étourneau sansonnet**, page 334, semblable par la taille et la silhouette, mais tête et ailes plus pointues en vol, queue plus courte. Plus noir, sans huppe. Les vols d'étourneaux se posent souvent au sol (les jaseurs plutôt dans les buissons).

# Moineaux

Moineau domestique

14 cm, 25-30 g

Moineau friquet

13 cm, 20-25 g

Si l'Étourneau sansonnet et le Moineau friquet apprécient de vivre près de l'homme, ils peuvent aussi vivre loin de lui. En revanche, le Moineau domestique semble presque toujours vivre où il y a des hommes. Il les suit jusque dans des endroits reculés, pourvu qu'il y ait quelques maisons pour se percher et nicher et quelques miettes à manger. En automne et en hiver, il forme des troupes dans les champs, se nourrissant de graines, mais il est surtout commun dans les jardins. Les effectifs du Moineau friquet ont connu des hauts et des bas au cours des siècles : récemment, ils ont fortement régressé. L'Étourneau friquet se mêle fréquemment aux troupes de pinsons en hiver.

Les deux moineaux pondent de 3 à 6 œufs qui éclosent après 12-14 jours et leurs jeunes s'envolent après 12-15 jours.

*Bec conique épais. Pattes courtes. Ailes et queue courtes. Bruyants, souvent en groupes. Moineau domestique : toujours près des habitations humaines, mâle et femelle différents. Moineau friquet : également dans la campagne et les bois, mâle et femelle identiques.*

△ *Moineau domestique mâle*

▷ *Moineau friquet*

**OÙ ET QUAND.** Presque toute l'Europe, toute l'année.

Moineau domestique

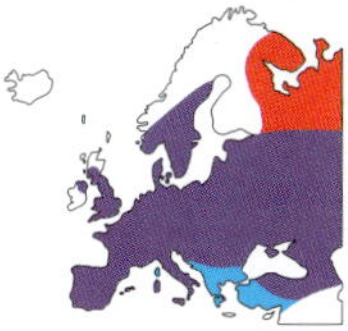

Moineau friquet

**OÙ ET QUAND.** La plupart de l'Europe, sauf le sud de l'Espagne et le nord de la Scandinavie. Toute l'année.

**MILIEUX FAVORIS.** Villages, villes, parcs, jardins, zones agricoles.

**MILIEUX FAVORIS.** Villages, jardins, bois clairs, bocages.

# Pinson des arbres

*Fringilla coelebs*

Chant sonore et roulé, formé d'une même phrase répétée plusieurs fois par minute ; cri aigu et sonore, *tvic,* en vol pousse des *yup yup*

Bien que moins lié à l'homme que le Moineau domestique, le Pinson des arbres semble souvent assez confiant et vient volontiers manger des miettes autour des maisons et des aires de pique-nique entourées d'arbres et de haies. Le Pinson des arbres est plus délicat et plus coloré que les moineaux et possède un chant plus mélodieux qui débute dès que l'hiver s'en va : sa présence dans les jardins est donc fortement appréciée. En hiver, il forme des troupes auxquelles se mêle le Pinson du Nord, mais où mâles et femelles sont parfois séparés. Il passe des haies aux champs et retourne se percher, mais ne vagabonde pas en troupes denses comme les linottes et les moineaux.

Les 4 ou 5 œufs éclosent en 11-13 jours et les jeunes s'envolent à l'âge de 14 jours.

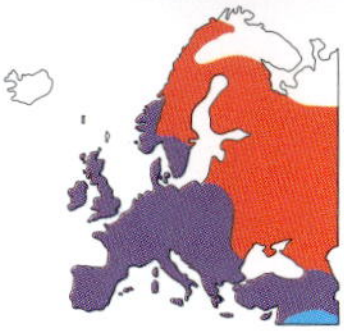

*Taille d'un moineau. Mâle coloré, femelle et jeune plus ternes. Bec épais. Longue queue un peu fourchue. En vol, barres alaires blanches typiques. Vit en couples territoriaux en été et en troupes en hiver. Vient manger des graines près des maisons en hiver (ci-dessus, femelle).*

**OÙ ET QUAND.** Toute l'Europe ; toute l'année dans le centre et au sud, en été seulement au nord.

**MILIEUX FAVORIS.** Tous types de forêts, haies, parcs, jardins.

## OISEAUX SEMBLABLES

**Pinson du Nord**, page 342, très semblable en hiver, mais ventre plus blanc, croupion blanc.

# Pinson du Nord

*Fringilla montifringilla*

Chant étiré rappelant celui du Verdier d'Europe ; cri de vol nasillard, *gnèèk,* parfois *yup*

En France, le Pinson du Nord est un visiteur d'hiver assez abondant, qui apparaît certaines années en très grand nombre – des vols immenses atteignant plusieurs millions d'oiseaux ont déjà été observés en France. On le trouve habituellement en compagnie de Pinsons des arbres, notamment sous les hêtres dont les graines sont une importante source d'alimentation hivernale pour lui. C'est pour cette raison que les Pinsons du Nord reviennent en nombre chaque hiver dans certaines régions. Les effectifs de l'espèce fluctuent avec la fructification des hêtres et des érables. Le Pinson du Nord est très proche du Pinson des arbres et lui ressemble beaucoup : seule leur coloration diffère.

Les 6 ou 7 œufs éclosent en 12 jours et les jeunes s'envolent à 2 semaines.

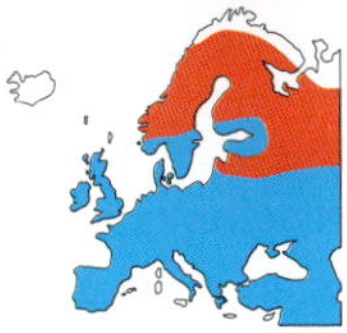

*Taille d'un moineau. Silhouette identique à celle du Pinson des arbres. Au sol, sautille et marche au pied des arbres ou dans les chaumes. Se nourrit aussi de graines de bouleaux et d'autres arbres au printemps et en été. Visite les nourrissages hivernaux par temps froid.*

**OÙ ET QUAND.** Scandinavie et nord-est de l'Europe en été ; toute l'Europe occidentale et méridionale en hiver.

**MILIEUX FAVORIS.** Forêts de bouleaux et de hêtres, zones cultivées, parcs.

OISEAUX SEMBLABLES

**Pinson des arbres**, page 340, barres alaires plus blanches, croupion vert.

# Serin cini

*Serinus serinus*

Cri de vol roulé typique, *tirlitt ;* chant : long babil grinçant

Le Serin cini est un oiseau typique des régions méditerranéennes, où ses cris roulés et son chant résonnent partout et semblent faits pour la chaleur et la lumière du soleil méridional. Plus au nord, c'est un visiteur d'été qui a étendu son aire de répartition au cours des dernières décennies. C'est le plus petit représentant de la famille des « fringilles » qui regroupe pinsons, chardonnerets, linottes, verdiers... Sa silhouette compacte, sa petite tête ronde, son bec conique très court et son plumage jaune canari sont caractéristiques. Il affectionne les arbres feuillus, tels que les cerisiers et les petits chênes, mais aussi les conifères, et on le voit souvent dans les villages.

Les 3 ou 4 œufs éclosent en 12 jours et les jeunes s'envolent 13-14 jours plus tard.

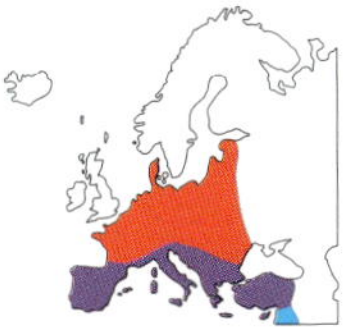

*Taille d'une Mésange bleue. Minuscule bec conique, cou épais. Corps trapu, queue courte et fourchue. Pattes très courtes. Chante souvent au sommet des arbres, mais aussi au cours d'un vol papillonnant typique. Se nourrit souvent au sol. Pas facile à observer.*

**Où et quand.** Toute l'année autour de la Méditerranée, en été seulement en Europe moyenne.

**Milieux favoris.** Vergers, jardins, rangées d'arbres dans les villages.

## OISEAUX SEMBLABLES

**Verdier d'Europe**, page 346, plus gros, non strié.
**Tarin des aulnes**, page 350, menton noir, plus de jaune aux ailes et à la queue, mais moins à la tête.

# Verdier d'Europe

*Carduelis chloris*

Le nombre de Verdiers d'Europe a décliné depuis que les techniques agricoles laissent moins de graines en hiver et moins d'insectes et de larves en été. Les méthodes modernes de semis et de récolte des céréales et de traitement aux pesticides ne sont pas bonnes pour les fringilles. Autrefois, de grandes troupes se nourrissaient dans les chaumes, trouvant refuge dans les haies au passage d'un chien ou d'un rapace, avant de retourner se nourrir au sol, une fois le danger passé. Aujourd'hui, c'est un spectacle devenu rare. Le Verdier d'Europe est toutefois encore commun dans les jardins où il se nourrit des graines distribuées par l'homme, après avoir mis en fuite les mésanges.

Les 4 à 6 œufs éclosent en 13 jours et les jeunes s'envolent après 13-16 jours.

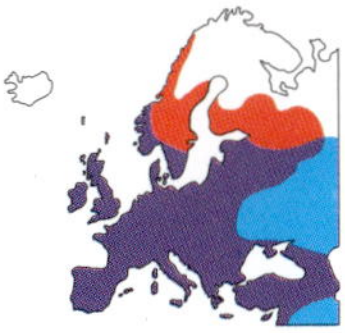

*Taille d'un moineau. Bec épais et fort, expression « fâchée ». Ailes longues et pointues. Queue courte et fourchue. Pattes très courtes. Se déplace en sautillant. Chante au cours d'un vol papillonnant typique. En hiver, les troupes s'envolent rapidement en cas de danger.*

**OÙ ET QUAND.** Presque toute l'Europe, sauf l'extrême nord. Toute l'année.

**MILIEUX FAVORIS.** Parcs, jardins riches en baies, conifères, bocages, champs.

## OISEAUX SEMBLABLES

**Pinson des arbres** femelle, page 340, barres pâles (et non stries jaunes) sur l'aile.
**Moineau domestique** femelle, page 338, plus striée sur le dos.

# Chardonneret élégant

Rien n'a plus de charme qu'un groupe de Chardonnerets élégants passant d'un pied de chardon à l'autre, puis s'accrochant acrobatiquement aux tiges frêles et aux têtes desséchées pour extraire les graines minuscules avec leur long bec en forme de brucelles. Le Chardonneret élégant gazouille gaiement lors de ses va-et-vient, et, chaque fois qu'il s'envole, il dévoile les larges bandes jaunes traversant ses ailes noires. Il est à l'aise dans les zones nordiques, même en hiver, bien que ses couleurs et sa délicatesse en fassent plutôt un oiseau du Sud. Il aime faire son nid dans les arbustes feuillus d'ornement autour des maisons, mais ce n'est pas vraiment un oiseau de jardin.

Les 5 ou 6 œufs éclosent après 12-13 jours et les poussins s'envolent à l'âge de 13-14 jours.

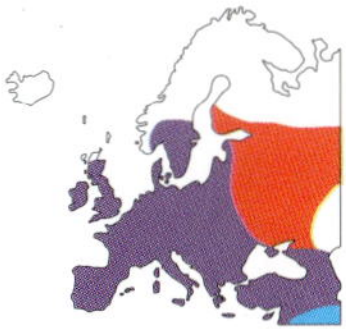

*Plus petit qu'un moineau. Silhouette délicate avec un bec conique, fin et pointu. Pattes courtes. Queue fourchue, ailes longues. Vol très bondissant. Se nourrit habituellement sur de grosses tiges ou dans les arbres, moins souvent au sol. Vit en groupes ou en familles.*

**Où et quand.** La plupart de l'Europe, sauf la Scandinavie. Toute l'année.

**Milieux favoris.** Vergers, terrains vagues, lisières de forêt, parcs, bocages.

## OISEAUX SEMBLABLES

Aucun autre oiseau n'a les mêmes ailes noir et jaune.
**Verdier d'Europe**, page 346, moins contrasté, pas de rouge à la tête.

# Tarin des aulnes

*Carduelis spinus*

Habituellement, le Tarin des aulnes est un oiseau forestier, mais, en hiver, il vagabonde loin des forêts à la recherche de graines d'aulnes, de bouleaux et de mélèzes. Il se déplace souvent en troupes, dont le vol capricieux et bondissant est caractéristique. Presque aussi acrobatique que les mésanges, il se nourrit sur les rameaux les plus fins, auxquels il se suspend la tête en bas, et extrait minutieusement les petites graines avec son bec fin et pointu. À la fin de l'hiver, il vient volontiers manger les graines pour oiseaux déposées dans les jardins. En été, le Tarin des aulnes préfère les grandes forêts de conifères et décortique les cônes pour en manger les graines.

Les 3 à 5 œufs éclosent après 11-12 jours et les jeunes s'envolent 15 jours plus tard.

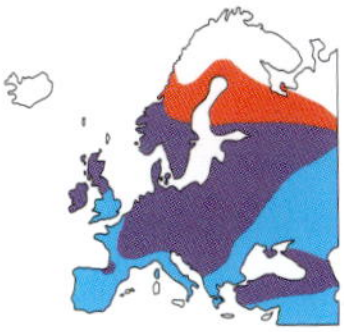

*Minuscule, plus petit qu'un moineau. Silhouette légère, longues ailes pointues, queue très fourchue. Pattes très courtes, bec conique, fin et pointu. Tête aplatie, corps rondelet. Vol rapide très bondissant avec de longs planés ailes closes. Cris de vol sonores et flûtés.*

**Où et quand.** Surtout dans le nord de l'Europe et en montagne ; plus bas et plus au sud en hiver.

**Milieux favoris.** Forêts de conifères ; en hiver, bois mixtes, allées d'arbres, parcs et jardins boisés.

OISEAUX SEMBLABLES

**Verdier d'Europe**, page 346, plus gros, moins acrobatique, ailes gris et vert avec des stries jaunes.
**Serin cini**, page 344, beaucoup moins de jaune aux ailes et à la queue, cri roulé.

# Linotte mélodieuse

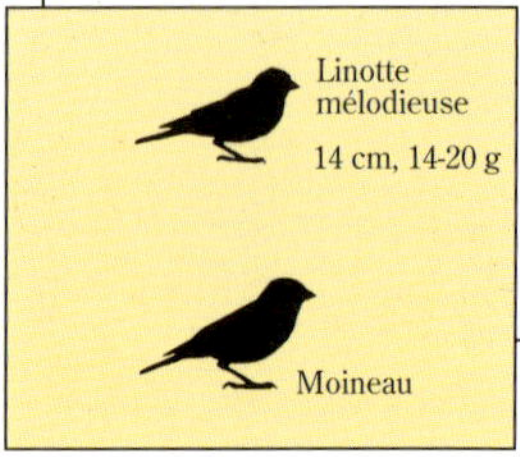


La Linotte mélodieuse était autrefois un oiseau commun dans les zones agricoles d'Europe de l'Ouest, mais le changement des techniques agricoles a provoqué son déclin. Dans les landes et les garrigues, elle reste fréquente, se perchant souvent au sommet des buissons ou sur les fils barbelés pour gazouiller harmonieusement. La Linotte mélodieuse est un oiseau sociable, même en été, et se rassemble pour manger lorsqu'il y a des plantes à graines. En automne et en hiver, on peut voir de grandes troupes, qui se nourrissent tranquillement hors de vue ; dérangées, elles s'envolent en groupes compacts et tournoyants avant de se reposer à bonne distance dans un champ ou sur une haie.

Les 4 à 6 œufs éclosent après 10-12 jours et les jeunes s'envolent à 11-12 jours.

*Plus petite qu'un moineau. Élancée, corps long, longue queue fourchue. Tête ronde, bec court et conique. Pattes très courtes. Se nourrit surtout au sol. Se perche dans les arbres, mais ne s'y nourrit pas. Souvent en groupes, parfois avec des pinsons et des moineaux.*

**OÙ ET QUAND.** La plupart de l'Europe, en été seulement dans le Nord, migre vers le sud et l'ouest en hiver.

**MILIEUX FAVORIS.** Champs buissonneux, haies, landes à genêts, landes à bruyères.

## OISEAUX SEMBLABLES

**Linotte à bec jaune**, page 375, plus striée, gorge orange.
**Sizerin flammé**, page 354, plus strié, menton noir.
**Moineaux**, page 338, plus gros, dessous sans marques.

# Sizerin flammé

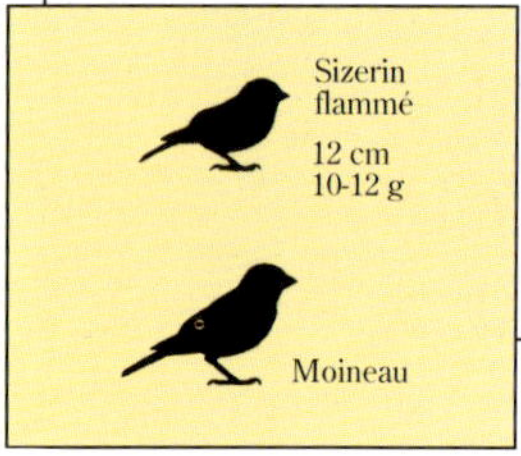


Alors que la Linotte mélodieuse se tient souvent au sol, le Sizerin flammé vit essentiellement dans les arbres. Ce dernier se nourrit toutefois au sol au pied des bouleaux et des mélèzes et avec d'autres fringilles dans les chaumes. Habituellement, cependant, on le voit en vol criant sans cesse ou posé au sommet des arbres – bouleaux, aulnes et conifères où il trouve des graines en abondance. En hiver, il se mêle fréquemment aux Tarins des aulnes. Par endroits, le Sizerin flammé est devenu un oiseau urbain, nichant dans les grands jardins et les parcs, alors qu'il y a quelques décennies, il habitait seulement la limite supérieure des forêts de montagne.

Ses 4 ou 5 œufs éclosent en 10-11 jours et les jeunes s'envolent après 12-15 jours.

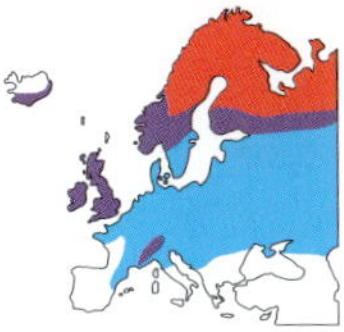

*Plus petit qu'un moineau. Délicat. Très petit bec conique. Longues ailes, queue mince et fourchue. Assez acrobatique dans les rameaux fins ou sur les tiges sèches. En été, survole son territoire d'un vol bondissant en poussant des trilles aigus.*

**Où et quand.** Nord-ouest de l'Europe, Alpes, Jura ; migre vers le sud et l'ouest en hiver.

**Milieux favoris.** Bosquets de bouleaux et de pins, tourbières boisées, alpages, jeunes plantations de conifères.

## OISEAUX SEMBLABLES

**Linotte à bec jaune**, page 375, pas de rouge au front, ni de noir au menton, stries blanches sur l'aile.
**Linotte mélodieuse**, page 352, plus grande, moins striée, moins souvent dans les arbres.

# Bec-croisé des sapins

*Loxia curvirostra*

Mandibules croisées typiques, mais Bec-croisé d'Écosse (nord de l'Écosse seulement) et Bec-croisé perroquet (Scandinavie) très semblables

Juvénile : pâle, verdâtre avec de fines stries sombres denses

Femelle : verdâtre avec les ailes brunes, croupion jaune

Mâle âgé : rouge avec les ailes et la queue brunes

Jeune mâle : plus brun ou verdâtre avec des taches rougeâtres ; croupion rouge vif

Cris sonores et répétés, *kipp-kipp-kipp* ou *kyeup-kyeup-kyeup*

Le Bec-croisé des sapins, que l'on rencontre presque partout en Europe, ne se nourrit que de graines de conifères, sapins, épicéas, mélèzes et divers pins. Dans les régions où les cônes de pins sont plus gros et plus durs – en Écosse et en Scandinavie notamment, des espèces plus grosses avec des becs encore plus puissants sont apparues. Souvent en groupes, les Becs-croisés des sapins sont silencieux quand ils se nourrissent, accrochés aux plus hautes branches des arbres et faisant tomber des morceaux de cônes, ou des cônes entiers. Soudain, ils poussent une série de cris sonores ou grimpent au sommet de l'arbre avant de s'envoler.

Les 4 œufs éclosent en 12-13 jours et les jeunes s'envolent à l'âge de 17-25 jours seulement.

*Gros fringille massif, plus gros qu'un moineau. Grosse tête ronde. Corps ventru, longues ailes et queue fourchue. Pattes très courtes. Bec épais, paraissant crochu ; mandibules croisées au bout. Se nourrit de façon acrobatique. Souvent perché à la cime des arbres.*

**OÙ ET QUAND.** Toute l'année, en montagne et dans le nord de l'Europe.

**MILIEUX FAVORIS.** Forêts de conifères, plantations de pins, épicéas et mélèzes.

## OISEAUX SEMBLABLES

**Bouvreuil pivoine**, page 358, gris, noir et rose.
**Roselin cramoisi**, page 380, plus petit, bec court et conique.
**Verdier d'Europe**, page 346, ressemble à un Bec-croisé des sapins femelle, mais a du jaune sur les ailes et la queue.

# Bouvreuil pivoine

Le gros bec rond du Bouvreuil pivoine est idéal pour grignoter les bourgeons tendres ou pour extraire les graines molles des frênes et des érables sycomores. Le Bouvreuil pivoine est friand des bourgeons d'arbres fruitiers, mais passe la plupart de son temps dans les haies et, à l'occasion, apprécie un festin de mûres avec leurs minuscules graines brunes. Quand ils mangent, habituellement par deux ou trois, les bouvreuils gardent le contact par de petits cris flûtés et doux. Au printemps, le mâle émet une sorte de chant, très faible, composé de quelques sifflements mêlés à des sons grinçants. Même là où il est commun, le Bouvreuil pivoine est d'ordinaire discret et facile à manquer.

Ses 4 ou 5 œufs éclosent en 12-14 jours et les jeunes s'envolent après 12-16 jours.

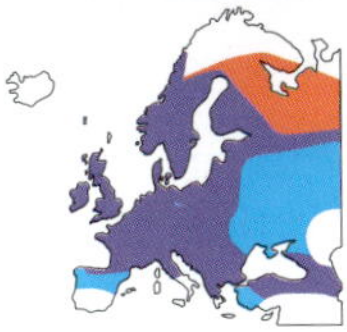

*Taille d'un moineau, massif, assez dressé. Grosse tête aplatie, bec épais et queue carrée. Pattes très courtes. Peut s'accrocher aux brindilles pour se nourrir, mais habituellement dans les buissons denses plutôt qu'à la cime des arbres. En vol, croupion blanc très visible.*

**OÙ ET QUAND.** La plupart de l'Europe, sauf l'extrême nord et une grande partie de l'Espagne. Toute l'année.

**MILIEUX FAVORIS.** Haies épaisses, broussailles, parcs, vergers, forêts claires.

OISEAUX SEMBLABLES

**Pinson des arbres** mâle, page 340, moins rouge, sans blanc au croupion.
**Pinson du Nord**, page 342, tache blanche au croupion, mais plumage plus orange et brun.

# Grosbec casse-noyaux

*Coccothraustes coccothraustes*

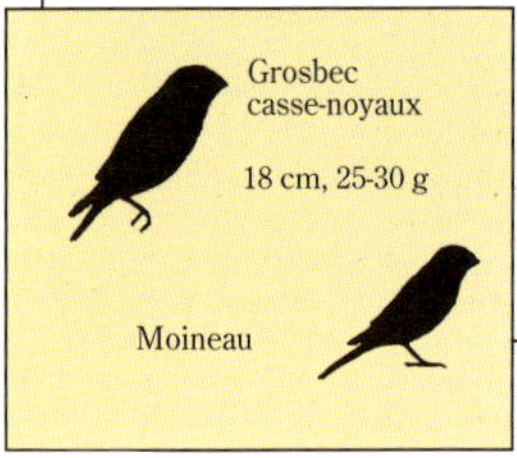


Souvent en petits groupes sous les arbres ou à la cime

Cri strident, *tsick*

Le Grosbec casse-noyaux est réputé discret et difficile à voir. Pourtant, quand vous en avez repéré un, en restant silencieux et bien caché, vous pouvez l'observer dans de bonnes conditions. Habituellement, il y en a plusieurs ensemble – une famille en été ou un petit groupe en hiver – occupés à manger certains fruits et graines. Le puissant bec conique est fait pour broyer les fruits les plus durs comme les graines les plus coriaces. En Europe occidentale et septentrionale, c'est un oiseau de forêts claires et de taillis, mais, dans la région méditerranéenne, on le trouve souvent dans les oliveraies et les vergers, mangeant des fruits, parfois en compagnie du Pinson des arbres.

Les 4 à 6 œufs éclosent en 9-10 jours et les jeunes volent après 10-11 jours.

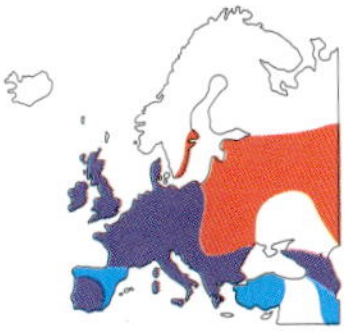

*Plus gros qu'un moineau. Massif, grosse tête, queue courte, bec énorme. Se perche dans le haut des arbres ou se nourrit silencieusement dans les branches basses ou au sol. S'envole en criant, puis se perche très haut ou disparaît au-delà de la forêt.*

**OÙ ET QUAND.** Europe, sauf la Scandinavie et une partie de l'Espagne, toute l'année. Dans l'Est, seulement en été, hiverne en Espagne et au Portugal.

**MILIEUX FAVORIS.** Vergers, oliveraies, bois avec érables, hêtres et merisiers.

## OISEAUX SEMBLABLES

**Pinson des arbres**, page 340, bec beaucoup plus petit, tête plus petite, dessin différent sur les ailes et la queue.

# Bruant des neiges

*Plectrophenax nivalis*

En été, le Bruant des neiges ne vit que sur les hauteurs d'Écosse et de Scandinavie et localement en Islande. Il niche parmi les blocs et se nourrit le long des plaques de neiges éternelles. En hiver, il migre vers le sud, jusque sur les côtes de Grande-Bretagne, des Pays-Bas et du nord-ouest de la France, où il fréquente les dunes, les grèves, les landes rases et les paquets d'algues des plages de sable ou de galets. En vol, ses ailes blanches le rendent très visible, mais, dès qu'il se pose, il semble disparaître. Le Bruant des neiges mâle n'est vraiment noir et blanc qu'en été. On le connaît surtout dans son plumage d'hiver, époque à laquelle beaucoup sont étonnamment brun-roux avec des marques rousses sur la tête et le cou et juste une touche de blanc sur les ailes.

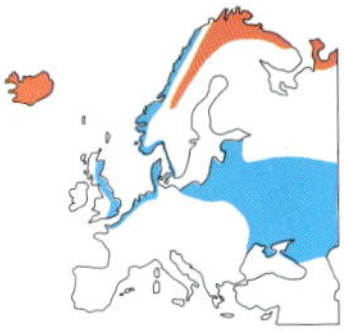

*Plus gros qu'un moineau. Massif, corps long, pattes courtes. Court au sol, le corps à l'horizontale. Vole par bonds légers. Souvent en petits groupes, parfois en grand nombre. Se nourrit activement dans l'herbe rase ou dans la laisse de mer le long d'une plage.*

**Où et quand.** Nord de l'Écosse et Scandinavie en été. En hiver, également sur les côtes, de la Bretagne au Danemark et à la Grande-Bretagne.

**Milieux favoris.** Montagnes, landes d'altitude, plages de sable, baies, marais salants.

## OISEAUX SEMBLABLES

Bruant lapon, moins de blanc. Les fringilles avec du blanc aux ailes se perchent d'ordinaire sur les buissons ou les arbres, contrairement au Bruant des neiges.

# Bruant jaune

*Emberiza citrinella*

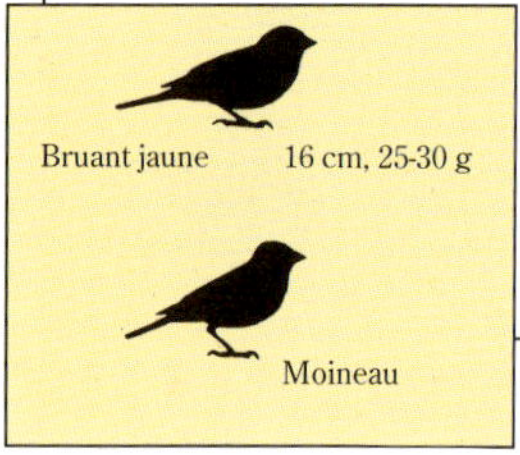


Cris métallique, *tzic ;* chant saccadé terminé par une note traînante, *tsi-tsi-tsi-tsi-tsi-tsi-tsuuh*

Le chant répétitif aigu du Bruant jaune est un son typique de l'été : on l'entend durant les mois les plus chauds et même au milieu de la journée quand les autres oiseaux sont silencieux. Observer le mâle, chantant inlassablement au sommet d'un buisson ou d'un arbuste, est un très beau spectacle. En hiver, les Bruants jaunes vagabondent en bandes dans les champs et les chaumes, ou encore aux abords des marais côtiers, et jusque sur les plages où les algues et diverses graines sont apportées par les vagues. Là, il se nourrit au sol, invisible et silencieux, jusqu'à ce qu'il soit dérangé et s'envole en criant tout en hochant la queue, ce qui est typique des bruants.

Les 3 à 6 œufs éclosent après 12-14 jours et les jeunes s'envolent à l'âge de 12-13 jours.

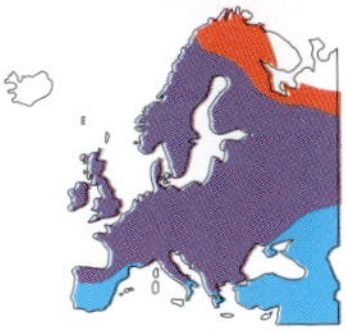

*Élancé, longue queue fourchue. Se perche souvent bien droit sur un buisson ou sur une clôture. En troupes en hiver, parfois en compagnie de moineaux et de fringilles. Décollent souvent en petits groupes pour se percher sur une haie avant de redescendre un par un.*

**OÙ ET QUAND.** Toute l'année dans toute l'Europe, sauf dans la péninsule Ibérique (en hiver seulement).

**MILIEUX FAVORIS.** Campagne avec des haies, pentes buissonneuses, alpages.

## OISEAUX SEMBLABLES

**Bruant zizi** femelle, page 366, très semblable au Bruant jaune femelle, mais croupion grisâtre plus terne et dessous moins jaune.

# Bruant zizi

*Emberiza cirlus*

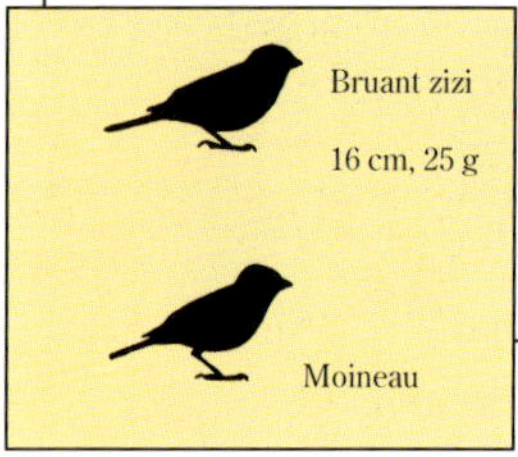


Cri fin un peu traînant, *tsie ;* chant saccadé très rapide, *sississississississi*

Le Bruant zizi est un oiseau des coteaux rocailleux ensoleillés parsemés de buissons et de pelouses. En France, il vit également dans les haies, les friches buissonneuses et les vignobles. Il ressemble un peu à un Bruant jaune femelle (la femelle lui ressemble beaucoup), mais, en Europe méridionale, on le trouve à altitude plus basse, dans des endroits plus chauds ou sur des pentes caillouteuses plus broussailleuses que le Bruant jaune, qui vit dans les zones d'élevage traditionnel ou sur les hauts plateaux. En hiver, les chaumes sont importants pour sa survie, car il y trouve des graines en abondance. De petits groupes s'y forment avant de se disperser pour nicher au printemps.

Les 3 ou 4 œufs éclosent en 12-14 jours et les jeunes s'envolent à l'âge de 11-13 jours.

*Taille d'un moineau, élancé, longue queue fourchue. Petit bec conique. Calotte un peu bombée. Paraît un peu plus compact que le Bruant jaune. Souvent par couple, habituellement au sol ou à faible hauteur. Chante sur un arbre. Parfois en troupes en hiver.*

**OÙ ET QUAND.** Europe méridionale, France et sud-ouest de l'Angleterre, toute l'année.

**MILIEUX FAVORIS.** Coteaux buissonneux, haies, zones agricoles, vergers, vignobles, maquis.

## OISEAUX SEMBLABLES

**Bruant jaune**, page 364, jaune plus vif (mâle) avec le croupion roux.
**Bruant ortolan**, page 377, gorge jaune, ventre orange.

# Bruant des roseaux

Le Bruant des roseaux est un oiseau de milieux humides que l'on observe aussi dans des habitats plus secs, comme les champs et même les jardins. Il niche en plaine, au bord de l'eau, dans les marais et les roselières, mais certains nichent aussi dans les jonchaies des plateaux et des vallées marécageuses. Le Bruant des roseaux mâle est facile à voir, lorsqu'il chante, au printemps et en été, perché au sommet d'un roseau ou d'un buisson. Au printemps, il migre avec les bergeronnettes et les pipits et se nourrit dans l'herbe rase bordant les lacs et les réservoirs. En hiver, il vagabonde dans les champs avec les troupes de pinsons ou demeure dans les fourrés de saules au bord de l'eau.

Les 4 ou 5 œufs éclosent en 13-14 jours et les jeunes s'envolent 13 jours plus tard.

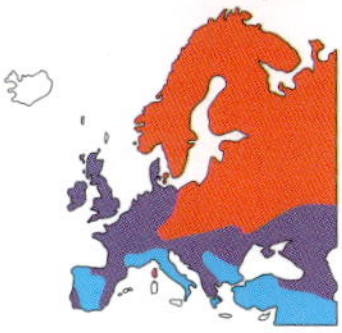

*Taille d'un moineau, avec une queue plus longue. Bec court, assez épais. Crâne un peu bombé. Queue tombante, souvent agitée latéralement et hochant en vol. Se perche au sommet d'un buisson ou d'un roseau, se nourrit au sol ou parmi la végétation.*

**OÙ ET QUAND.** Toute l'Europe, mais en été seulement en Espagne ; en hiver, quitte le nord et l'est de l'Europe ; certains atteignent l'Espagne.

**MILIEUX FAVORIS.** Marais, canaux, roselières, chaumes (en hiver).

OISEAUX SEMBLABLES

**Moineau domestique** femelle, page 338, dessous uni.
**Bruant jaune** femelle, page 364, moins chamois ou moins roux, plus jaune avec le croupion roux.

# Bruant proyer

*Miliaria calandra*

Brun pâle avec de fines stries sombres, tête présentant parfois un dessin marqué avec calotte et bord inférieur des joues sombres

Bec nettement gros et pâle, paraît un peu incliné en avant

Queue brun pâle uni, sans noir, ni blanc

Comme une Alouette des champs, mais gros et plus dressé – l'Alouette des champs se perche plus à l'horizontale sur les murs ou les piquets, mais pas dans les arbres, ni sur les fils

Se perche sur des branchettes, des fils ou des mottes de terre, en poussant son chant terminé en crécelle

Cri bref et dur, *tix*

Presque aussi gros qu'un étourneau, le Bruant proyer fait figure de poids lourd parmi les fringilles et les bruants. C'est un oiseau plutôt uni, brun strié terne, qui a un mode de vie fascinant. Le mâle s'accouple parfois avec plusieurs femelles et défend ses territoires en chantant inlassablement à partir de perchoirs élevés. Le Bruant proyer a régressé dans de nombreuses zones où l'agriculture moderne a entraîné la diminution du nombre d'insectes en été et de graines en hiver : l'espèce a disparu de beaucoup de ses régions traditionnelles. Le Bruant proyer est devenu, avec l'Alouette des champs, le symbole de la bonne santé des oiseaux campagnards communs.

Les 3 à 5 œufs éclosent en 12-13 jours et les jeunes s'envolent après 9-12 jours.

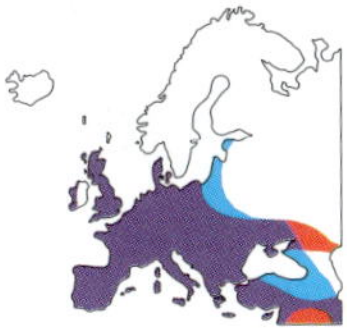

*Tête ronde, gros bec conique. Longue queue carrée. Pâle ; de près, fines stries visibles, mais pas de couleurs vives. Souvent en petits groupes en dehors de la saison de reproduction. Vol paraissant maladroit, ailes vibrantes et pattes pendantes.*

**Où et quand.** Toute l'année, dans la plupart de l'Europe, sauf la Scandinavie.

**Milieux favoris.** Pentes ensoleillées, zones agricoles, champs de céréales, marais.

## OISEAUX SEMBLABLES

**Moineaux**, page 338, poitrine non striée.
Les petits bruants ont du blanc à la queue.
**Alouette des champs**, page 228, queue et ailes bordées de blanc, se déplace en marchant.

# Oiseaux rares, localisés ou difficiles à voir

Les oiseaux présentés dans cette partie répondent à un (ou plusieurs) de ces critères :
rare dans l'ensemble de la zone géographique couverte par l'ouvrage ;

## Plongeon imbrin

*Gavia immer*
80 cm, 2 800-4 500 g

Oiseau nordique, surtout observé de l'automne au printemps.
**Identification.** Tête noire, dos quadrillé en été. En hiver, brun foncé, poitrine blanche, nuque plus noire que le dos.
**Particularités.** Oiseau plongeur massif, taille d'un cormoran. Vole avec la tête tombante, ailes longues et fines.
**Où et quand.** Niche en Islande ; des côtes scandinaves à l'ouest de la France en hiver.

## Plongeon arctique

*Gavia arctica*
70 cm, 1 300-3 400 g

Lacs nordiques reculés en été, migre vers le sud – côtes européennes – en hiver.
**Identification.** Tête grise, dos quadrillé, bec en poignard en été. En hiver, presque noir et blanc, nuque plus grise que le dos.
**Particularités.** Oiseau plongeur élancé, jamais à terre. Vole avec tête et pattes tendues, ailes longues et fines.
**Où et quand.** Scandinavie, Écosse ; côtes européennes en hiver.

## Plongeon catmarin

*Gavia stellata*
60 cm, 1 000-1 600 g

Rare, lacs.
**Identification.** En été, tête grise, gorge sombre (rouge), dos brun. En hiver, dos brun moucheté de blanc, face largement blanche.
**Particularités.** Oiseau plongeur élancé. Bec retroussé et tenu légèrement relevé.
**Où et quand.** Scandinavie, Écosse ; en hiver, côtes et grands lacs d'Europe de l'Ouest.

## Grèbe esclavon

*Podiceps auritus*
35 cm, 375-470 g

Lacs et étangs nordiques en été, surtout fréquent en hiver dans les eaux côtières.
**Identification.** Cou et flancs roux, tête noire avec une raie dorée en été. En hiver, noir et blanc, calotte noire contrastant nettement avec les joues blanches.
**Particularités.** Peut paraître rondelet ou élancé. Queue courte. **Où et quand.** Niche en Écosse et Scandinavie ; rare, mais répandu en Europe de l'Ouest en hiver.

absent de la plus grande partie de cette zone, mais localement commun ; limité à un habitat rare ou spécialisé ; difficile à voir ; demande un déplacement spécial.

## Grèbe à cou noir

*Podiceps nigricollis*
30 cm, 250-400 g

Lacs et étangs d'Europe orientale, sporadique et rare à l'ouest. **Identification.** Au printemps, cou noir, tête anguleuse avec des plumes dorées derrière l'œil. En hiver, noir avec la poitrine blanche, joues lavées de gris sous la calotte noire. **Particularités.** Oiseau plongeur rondelet, bec un peu retroussé. **Où et quand.** Danemark, Allemagne, France en été ; plus répandu sur les côtes en hiver.

## Océanite tempête

*Hydrobates pelagicus*
15 cm, 20-30 g

Niche en colonies sur les îles, mais rarement vu de la terre. Visite les nids de nuit. **Identification.** Noirâtre, tache blanche carrée au croupion, ligne blanche sous l'aile. **Particularités.** Minuscule oiseau marin. Vol papillonnant, rappelant une hirondelle, très bas au-dessus de la mer. **Où et quand.** Haute mer et îles de l'Atlantique et de Méditerranée occidentale. D'avril à octobre.

## Héron pourpré

*Ardea purpurea*
85 cm, 600-1 200 g

Héron des marais, discret et rarement à découvert. **Identification.** Héron sombre, cou orange rayé de noir, tache rouge vineux à l'avant de l'aile. **Particularités.** Grand, mince, tête et cou reptiliens, bec tenu relevé. Cou plus anguleux que celui du Héron cendré. Se tient immobile dans les roseaux. **Où et quand.** Sporadique en Europe moyenne et méridionale. D'avril à octobre.

## Butor étoilé

*Botaurus stellaris*
80 cm, 850-1 940 g

Oiseau des roselières, rarement observé et entièrement lié à cet habitat. **Identification.** Presque de la taille d'un Héron cendré, brun fauve avec des barres et des stries sombres. **Particularités.** Long cou épais, bec en poignard. Secret, se tient droit dans les roseaux en cas de danger. Vole avec les ailes arquées. **Où et quand.** Très sporadique ; absent de Scandinavie. Toute l'année.

## Cigogne noire

*Ciconia nigra*
100 cm, 2 500-3 000 g

Cigogne forestière, nicheuse rare en Europe de l'Ouest ; de passage au printemps et en automne. **Identification.** Toute noire avec le ventre blanc, bec rouge en poignard, longues pattes rouges. **Particularités.** En vol, majestueuse, longues ailes tenues à plat, cou tendu. **Où et quand.** Espagne, France, Belgique, Luxembourg, migrateur rare ailleurs. D'avril à septembre.

## Érismature rousse

*Oxyura jamaicensis*
40 cm, 550-750 g

Canard américain introduit en Grande-Bretagne. Rare ailleurs en Europe. **Identification.** Mâle (printemps) : roux, calotte noire, joues blanches, bec bleu. En hiver, terne avec la face blanche, aile unie. Femelle sombre, trait sombre sur la joue pâle. **Particularités.** Petite taille. Queue assez longue relevée. Souvent en groupes. **Où et quand.** Grande-Bretagne ; rare ailleurs (hiver surtout).

## Autour des palombes

*Accipiter gentilis*
50-60 cm, 600-1 500 g

Rapace forestier assez rare et difficile à voir. **Identification.** Femelle plus grande que le mâle. Brun-gris dessus, blanc barré de gris dessous. En vol, ailes plus longues que l'Épervier d'Europe, queue plus courte et arrondie au bout. **Particularités.** Difficile à voir, sauf furtivement quand il chasse à découvert. **Où et quand.** Toute l'Europe, toute l'année.

## Lagopède alpin

*Lagopus mutus*
35 cm, 250-550 g

Limité à la haute montagne et à la toundra nordique. **Identification.** Gris, pointillé de sombre au printemps. Plus brun avec des taches crème en été. Blanc en hiver, trait noir entre le bec et l'œil chez le mâle. Queue toujours noire, ailes toujours blanches. **Particularités.** Sorte de poule peu farouche. **Où et quand.** Pyrénées et Alpes, Écosse, Scandinavie, Islande. Toute l'année.

## Tétras lyre

*Tetrao tetrix*
40-55 cm, 950-1 500 g

Oiseau des landes d'altitude mêlées d'arbres ; en déclin. **Identification.** Mâle bleu-noir avec la queue en forme de lyre, sous-caudales et barres alaires blanches. Femelle semblable à une poule faisane à queue arrondie. **Particularités.** Gros oiseau rappelant une poule. Vol rapide et direct. **Où et quand.** Scandinavie, nord de la Grande-Bretagne, Ardennes, Alpes, Europe centrale. Toute l'année.

## Grand Tétras

*Tetrao urogallus*
60-87 cm, 1 800-4 500 g

Oiseau des forêts de conifères nordiques et montagnardes rappelant un dindon. **Identification.** Mâle noirâtre, bec pâle, tache alaire blanche, grosse queue en éventail. Femelle brune barrée de sombre, poitrine rousse. **Particularités.** Secret et farouche. Dérangé, s'envole dans un fracas d'ailes. **Où et quand.** Scandinavie, Écosse, Alpes, Jura, Vosges, Pyrénées, Europe centrale. Toute l'année.

## Râle des genêts

*Crex crex*
30 cm, 120-200 g

Oiseau des prairies inondables et des prés humides ; en fort déclin. **Identification.** Cri râpeux répété, *crèx crèx*. Brun chaud strié de sombre, ailes rousses. **Particularités.** Se déplace furtivement dans l'herbe haute et dense, rarement à découvert. S'arrête pour chanter, tête relevée. **Où et quand.** Rare dans les îles Britanniques et en France, encore abondant en Europe orientale. D'avril à septembre.

## Pluvier guignard

*Charadrius morinellus*
20 cm, 100-120 g

Rare dans les montagnes nordiques, migrateur rare plus au sud. **Identification.** Calotte noire, large sourcil blanc. En été, bande pectorale blanche, poitrine orange, ventre noir. En automne, brun crème moucheté sur le dos. **Particularités.** Rondelet. Court rapidement puis s'arrête à la façon d'un gravelot. **Où et quand.** Écosse, Scandinavie, Pyrénées (rare et très localisé). D'avril à septembre.

## Bécasseau de Temminck

*Calidris temminckii*
13 cm, 20-30 g

Limicole nordique rare, même en migration. **Identification.** Pattes verdâtres ou ocre-jaune. Dessus brun-gris terne, dessous blanc avec la poitrine enfumée comme un minuscule Chevalier guignette. **Particularités.** Oiseau élancé des prairies humides et des vasières en eau douce. **Où et quand.** Migrateur rare au printemps et à l'automne, surtout dans l'est de l'Europe.

## Bécasseau minute

*Calidris minuta*
13 cm, 20-30 g

De passage en petit nombre, souvent avec des Bécasseaux variables. **Identification.** Dessous blanc, pattes noires, petit bec noir. En automne : poitrine chamois pâle, brun-roux avec des points sombres dessus et un V pâle sur le dos. **Particularités.** Taille d'un moineau, mais paraît plus gros. **Où et quand.** De passage au printemps et surtout au début de l'automne, côtes vaseuses, eaux douces.

## Guillemot à miroir

*Cepphus grylle*
30 cm, 350-450 g

Superbe oiseau marin nordique, très rare plus au sud. **Identification.** En été, noir de suie avec une grosse tache blanche sur l'aile, pattes rouges, intérieur du bec rouge. En hiver, noir et blanc moucheté, même tache alaire blanche. **Particularités.** Flotte comme un bouchon, plonge souvent. Vol vibrant au ras des vagues. **Où et quand.** Scandinavie, Islande, Écosse et Irlande. Toute l'année.

## Mergule nain

*Alle alle*
18 cm, 140-170 g

Niche dans le Grand Nord et descend plus au sud en hiver, mais reste rare. **Identification.** Noir et blanc, stries blanches sur l'aile. Minuscule bec noir. Tête, gorge et poitrine noires en été. En hiver, calotte noire, gorge et poitrine blanches. **Particularités.** Minuscule oiseau de mer. Vol vibrant très rapide. **Où et quand.** Mer du Nord et Manche en automne et en hiver, surtout lors de tempêtes.

## Alouette lulu

*Lullula arborea*
15 cm, 25-35 g

Assez rare et localisée, pelouses sèches et landes buissonneuses. **Identification.** Contrastée, striée. Long sourcil crème, joues rousses, tache noir et blanc au bord de l'aile. **Particularités.** Discrète, se déplace furtivement au sol. En vol, queue très courte, ailes souples. Chant flûté répétitif. **Où et quand.** La plupart de l'Europe, rare en Scandinavie et Grande-Bretagne. Toute l'année.

## Alouette haussecol

*Eremophila alpestris*
16 cm, 30-45 g

Alouette nordique rare, surtout visible sur les rivages sableux en hiver. **Identification.** Brun-gris, dessous blanc, bande pectorale sombre (noire en été). Face jaune pâle avec un masque noir, moins net en hiver. **Particularités.** Allongée, pattes courtes, attitude tapie, passe aisément inaperçue. **Où et quand.** Niche en Scandinavie. En hiver, côtes de la mer du Nord et de la Manche.

## Pipit spioncelle

*Anthus spinoletta*
17 cm, 19-25 g

En été, limité aux pelouses alpines ; en hiver, descend en plaine et sur les côtes. **Identification.** Pattes sombres, sourcil blanc. En été, tête grise, poitrine rose pâle. En hiver, brun uni dessus, deux barres blanches sur l'aile, dessous blanc terne strié de sombre. **Particularités.** Farouche et discret en hiver. **Où et quand.** Alpes, Pyrénées, Jura et Vosges ; en hiver, Espagne, France.

## Pipit rousseline

*Anthus campestris*
16 cm, 20-25 g

Limité à l'Europe méridionale, plus rare au nord. **Identification.** Brun pâle, longue queue sombre bordée de pâle, rangée de points sombres formant une barre sur l'aile close. Longues pattes roses. **Particularités.** Hoche la queue comme les bergeronnettes. Vol chanté onduleux. Au sol, se tient dressé. **Où et quand.** La plupart de l'Europe, sauf Scandinavie et Grande-Bretagne. D'avril à septembre.

## Locustelle tachetée

*Locustella naevia*
13 cm, 11-15 g

Difficile à voir, mais le chant – sorte de stridulation d'insecte – est plus aisé à entendre. **Identification.** Terne, brun avec de vagues stries, gorge blanche. **Particularités.** Fine et élancée, queue arrondie. Se faufile comme une souris dans l'herbe haute et sous les buissons. **Où et quand.** La plupart de l'Europe, sauf le sud de l'Espagne et le nord de la Scandinavie. D'avril à septembre.

## Rousserolle verderolle

*Acrocephalus palustris*
12 cm, 10-18 g

Une des rousserolles si semblables entre elles, difficiles à voir. **Identification.** Terne, brun olive uni, dessous pâle Queue plutôt arrondie, bec pointu. Moins rousse que la Rousserolle effarvatte. Chant varié incluant nombre d'imitations. **Particularités.** Furtive, se faufile dans les hautes herbes et les buissons. **Où et quand.** Nord et est de la France, Pays-Bas, Europe orientale. De mai à septembre.

## Bouscarle de Cetti

*Cettia cetti*
14 cm, 10-18 g

Commune autour de la Méditerranée, plus rare au nord. Toujours difficile à voir. **Identification.** Brun-roux sombre avec le dessous pâle, queue rousse arrondie, sourcil gris pâle. **Particularités.** Se faufile sous les buissons ou dans les fossés. Chant typique, explosif, clair et sonore. **Où et quand.** France, Espagne, Italie, rare aux Pays-Bas et dans le sud de l'Angleterre. Toute l'année.

## Cisticole des joncs

*Cisticola juncidis*
10 cm, 8-12 g

Limitée à l'Europe méridionale. Seule *Cisticola* d'Europe, un genre commun en Afrique. **Identification.** Minuscule, brun sable pâle strié de sombre sur le dos. Queue courte, terminée de points blancs en dessous. **Particularités.** Survole les hautes herbes d'un vol bondissant en poussant des *tsip* stridents. **Où et quand.** Sud et ouest de la France, péninsule Ibérique, Italie. Toute l'année.

## Gorgebleue à miroir

*Luscinia svecica*
14 cm, 15-25 g

Furtive et donc assez difficile à voir. Répartition restreinte. **Identification.** Dessus brun terne, dessous blanc, sourcil blanc, tache rousse de chaque côté de la queue. Gorge : bleue chez le mâle (au printemps surtout), noir et crème chez la femelle. **Particularités.** Allure de Rougegorge familier, queue souvent relevée. **Où et quand.** Sporadique en Europe de l'Ouest. D'avril à octobre.

## Merle à plastron

*Turdus torquatus*
24 cm, 100-125 g

Confiné aux forêts de montagne, plus répandu (mais reste rare) en migration. **Identification.** Mâle noir avec un croissant blanc sur la poitrine, ailes pâles. Femelle terne, dessous écailleux, plastron diffus. **Particularités.** Élancé, longue queue, longues ailes. Farouche et discret. Cris et chant sonores.
**Où et quand.** Montagnes d'Europe, Écosse, Scandinavie. De mars à octobre.

## Rémiz penduline

*Remiz pendulinus*
11 cm, 9-12 g

Rare en Europe de l'Ouest, roselières et milieux humides boisés. **Identification.** Dos roux, tête grise avec un masque noir (absent chez les jeunes). **Particularités.** Minuscule. Habituellement dans les roseaux en hiver. Cri très ténu, plaintif et traînant, *tsîîh*. **Où et quand.** Europe orientale, s'étend lentement vers l'ouest. Toute l'année, mais plus fréquente au printemps et à l'automne.

## Bruant ortolan

*Emberiza hortulana*
16 cm, 18-30 g

Terrains secs et ensoleillés, parsemés d'arbres. Rare et en fort déclin en Europe, plus fréquent dans le Sud. **Identification.** Bec rose, œil cerclé de pâle. Mâle : tête gris olive, menton jaune pâle, poitrine orange. Femelle semblable, mais plus terne. **Particularités.** Farouche, passe aisément inaperçu. Se faufile au sol ou se perche à la cime des arbres. **Où et quand.** Sud de la France, Europe méridionale et centrale, Suède. D'avril à septembre.

## Linotte à bec jaune
*Carduelis flavirostris*
14 cm, 13-19 g

Limitée au nord, landes, zones côtières. **Identification.** Brun chamois chaud, gorge brun orangé vif. Striée avec une barre alaire comme le Sizerin flammé, mais avec aussi du blanc aux ailes et à la queue comme la Linotte mélodieuse. **Particularités.** D'habitude en petits groupes. Vol sautillant. **Où et quand.** Écosse, Scandinavie ; côtes de la Baltique et de la mer du Nord en hiver.

## Roselin cramoisi
*Carpodacus erythrinus*
14 cm, 19-25 g

Nicheur et migrateur rare en Europe de l'Ouest. **Identification.** Dessus brun, deux barres pâles sur l'aile, pas de blanc à la queue. Femelle et jeune mâle entièrement bruns. Mâle âgé : tête, gorge et croupion rouges ou orange. **Particularités.** Comme un moineau à gros bec. Discret, mais peu farouche. **Où et quand.** Europe orientale, Scandinavie, nord et est de la France (rare). De mai à octobre.

## Cassenoix moucheté
*Nucifraga caryocatactes*
32 cm, 110-190 g

Assez commun, mais confiné aux forêts de conifères d'altitude. **Identification.** Sombre avec du blanc à la base de la queue. Calotte brun foncé, ailes et queue noires, corps brun moucheté de blanc. **Particularités.** Taille d'un Geai des chênes. Vol bondissant. Se perche à la cime des conifères. **Où et quand.** Sud de la Scandinavie, Vosges, Jura, Alpes, montagnes d'Europe centrale. Toute l'année.

## Loriot d'Europe
*Oriolus oriolus*
24 cm, 60-80 g

Commun, mais farouche et difficile à voir. **Identification.** Chant flûté sonore, *dide-lio*, provenant du cœur de la forêt ou d'une plantation de peupliers. Mâle furtif, jaune vif et noir. Femelle verte, striée dessous, croupion jaune. Bec rose vif. **Particularités.** Ressemble à une grive, mais plus élancé.
**Où et quand.** Une grande partie de l'Europe, sauf le nord-ouest. D'avril à août.

# INDEX

# Index

# Index



Maquette : Beverley Stewart et Christopher Foley
Cartes : Christopher Foley
Ouvrage réalisé avec la collaboration de Stéphanie Houlvigue

Tous les dessins sont de Peter Hayman sauf ceux des pages : 110, 112, 164 à 172, 214, 216, 218, 222, 224, 242, 244, 246, 250 à 264, 272 à 296, 316, 318, 320, 338 à 344, 348 à 356, 364, 366, 368 et 372 à 380, qui sont de Richard Allen.

Origine des photographies :
Bios/F. Cahez : couverture. A. Williams : 183. A.T. Moffett : 97, 101, 111, 115, 195, 219, 239, 243, 247, 263, 265, 267, 275, 287, 299, 313, 323, 325, 329, 331, 333, 335, 339, 341, 347, 365, 371. B. Glover : 9, 25, 33, 35, 41, 43, 47, 49, 51, 53, 55, 57, 61, 63, 67, 69, 79, 93, 105, 113, 125, 127, 129, 133, 139, 141, 143, 151, 153, 155, 169, 181, 193, 197, 215, 217, 223, 229, 231, 233, 235, 285, 305, 311, 355. D. Cottridge : 159, 165, 337. D. Kjaer : 261. G. Langsbury : 15, 17, 19, 21, 23, 31, 89, 95, 99, 103, 109, 111, 117, 121, 123, 131, 145, 161, 171, 173, 175, 187, 199, 201, 205, 211, 213, 227, 241, 251, 255, 269, 271, 273, 275, 281, 291, 303, 315, 343, 345, 349, 351, 357, 363, 369. M. Hamblin : 27, 37, 71, 301. R. Chittenden : 257, 335. R. Wilmshurst : 59, 107, 221, 367. F.L.P.A. : B. Borrell : 319. D. Hosking : 207. E. et D. Hosking : 113. E. Hosking : 283. F. Merlet : 297. M.B. Withers : 91, 153. M. Gore : 283. R. Tidman : 145. Silvestris : 209. R.S.P.B. : A. Hay : 191. C. Sanchez : 83, 119, 353. C. Gomersall : 85, 157, 163, 179, 189, 259. C. Carver : 327. D. Kjaer : 157. E. Woods : 193. F. Blackburn : 289. G. McCarthy : 45, 65, 149, 167, 185, 203. G. Downey : 97, 149, 225, 237, 307, 319. G. Langsbury : 137. J. Sevcik : 171. M.K. Walker : 277, 307, 317. M. Hunt : 295, 297. M. Hamblin : 75, 89, 135, 239, 249, 253, 309, 359. M. Gore : 321. M.W. Richards : 177, 279. M. Lane : 11, 37, 45. P. Doherty : 29, 81. P.R. Perfect : 39. P.J. Newman : 203. R. Brooks : 243, 247, 361. R. Revels : 71, 191, 245. R. Tidman : 321. R. Wilmhurst : 77, 163, 329. S.C. Porter : 147. S. Knell : 13, 87, 127, 179, 295. T. Hamblin : 257. W.S. Paton : 73, 83.

ISBN: 2-09-261023-6
N° d'éditeur: 10066813 – (III) – (18)
Dépôt légal: Mai 1999
Imprimé par Grafedit, Azzano S. Paolo (BG), en Italie